电子结构计算研究导论

梁铎强　编著

北　京
冶 金 工 业 出 版 社
2020

内 容 提 要

本书是工科学生或工程技术人员学习电子结构有关知识的入门著作，主要介绍了量子力学、能带结构、HFR 方程、K-S 方程、交换-相关泛函等，同时补充一些分子动力学、数学库和算法等重要知识。考虑到读者的数理基础，本书注重通俗性。全书共分为 6 章，第 1 章主要是量子力学的建立，时间集中在 1900~1925 年，主要介绍量子力学的历史和脉络；第 2 章是薛定谔方程的初步应用，时间集中在 1925~1930 年；第 3 章主要是 SCF-MO 方法的建立和脉络，时间跨度为 1930~1964 年；第 4 章是 K-S 方程的建立和知识脉络，时间集中在 1964~1986 年；第 5 章是交换-相关泛函，时间集中在 1986~2008 年。本书不是用户手册，而是工科生学习较为详尽的指导大纲。

本书可作为材料、化工、生物、土木建筑等工程技术专业高年级本科生和研究生的参考书，也可供矿业、环保、材料物理等其他工程专业高年级本科生和研究生参考。

图书在版编目(CIP)数据

电子结构计算研究导论/梁铎强编著. —北京：冶金工业出版社，2020. 9

ISBN 978-7-5024-8594-8

Ⅰ.①电… Ⅱ.①梁… Ⅲ.①电子结构—计算—高等学校—教材 Ⅳ.①O552. 5

中国版本图书馆 CIP 数据核字（2020）第 152107 号

出 版 人 苏长永
地　　址 北京市东城区嵩祝院北巷 39 号 邮编 100009 电话 (010)64027926
网　　址 www. cnmip. com. cn 电子信箱 yjcbs@ cnmip. com. cn
责任编辑 夏小雪 美术编辑 彭子赫 版式设计 禹 蕊
责任校对 郭惠兰 责任印制 李玉山
ISBN 978-7-5024-8594-8
冶金工业出版社出版发行；各地新华书店经销；三河市双峰印刷装订有限公司印刷
2020 年 9 月第 1 版，2020 年 9 月第 1 次印刷
169mm×239mm；9 印张；175 千字；133 页
53. 00 元

冶金工业出版社 投稿电话 (010)64027932 投稿信箱 tougao@cnmip. com. cn
冶金工业出版社营销中心 电话 (010)64044283 传真 (010)64027893
冶金工业出版社天猫旗舰店 yjgycbs. tmall. com
（本书如有印装质量问题，本社营销中心负责退换）

前　言

物体所表现的宏观特性都由物体内部的微观结构决定，分子或材料在力学、热学、电学、磁学和光学等方面的许多基本性质，如振动谱、电导率、热导率、磁有序、光学介电函数、超导等都由电子结构决定。因此，定量、精确地计算材料的电子结构在解释实验现象，预测化学过程、材料性能，指导材料设计等方面都具有非常重要的意义和作用，是一个富有挑战性的课题。

目前在国内，材料、化工材料、生物、土木建筑、矿业、环保、材料物理等都涉及分子或材料，通过电子结构计算进行研究是目前工科比较盛行的做法之一。但目前这些专业的工科生缺乏系统的数学和物理基础。

为了解决这个问题，作者依靠十几年的教学经验，为广大工科学生撰写了此书。撰写初衷是为了让学生认识量子力学、固体物理、量子化学、密度泛函理论的重要性，并为其提供学习的脉络。因此，本书是导论性的，严谨的数学推导请同步参看各经典教材。

通过本书，作者呼吁工科学生应加强数学和物理学习，而电子结构计算是联系数学、计算机、物理和工程应用的较好途径。通过它可以为数理化和计算机的学习提供非常有益的帮助。因此，工科生应从自身出发，通过提高自己的数理水平进而提高研发能力。

本书是按照历史时间顺序介绍电子结构计算的。这是一种良好的学习方法，也希望读者能够掌握这种学习方法。因为“历史是最好的老师”。

作者假定读者懂得一些高等数学、线性代数、普通物理等一般工科的数理基础。这里需要特别指出的是，书中公式很多，只在方便叙述的场合才对公式进行编号，没有编号的不等于不重要。

本书引用了高斯的一些数据，但本书不是用户手册，也不是理科教材，而是工科学习较为详尽的指导大纲。

由于作者学识有限，编写时间仓促，书中可能出现错漏现象，望各位读者海涵，并希求大家不吝赐教。

作　者

2020 年 5 月

主要符号对照表

符号	含义
Ψ、ψ	含时波函数、不含时波函数
μ_{B}	玻尔磁子
$\hat{J}$	库仑算符
μ	电介质常数
U	电势
$-e$	电子的电荷
m_e	电子的质量
T	动能
$\hat{f}$	福克算符
L	轨道角动量
H	哈密顿量
$\hat{K}$	交换算符
L	角动量
l	角动量本征值
$\boldsymbol{r}$、$\vec{\boldsymbol{r}}$	空间位矢
N	粒子数，归一化常数，原子核
$\rho(r)$	密度函数
E_n	能量本征值
ε	能量
$\hat{\sigma}$	泡利算符
$V(r)$	势能
$\boldsymbol{F}$	原子上的力
$\hbar$	约化普朗克常数
S	自旋
m_s	自旋角动量
$\hat{S}$	自旋算符

目　　录

1 量子力学的建立

1.1 量子力学的基本假设

1.1.1 量子力学最重要的哲学理念

1.1.1.1 量子力学的理念

目前，量子力学还在不断地发展，存在不同的学派和学说，但基本理念是统一，包括如下内容。

（1）量子化。在微观物理，一切都是量子化的，包括时间、地点和概率。

（2）自旋（全同性）。自旋是内禀量，不存在对应的宏观量。斯特恩实验、反常塞曼效应、精细光谱、泡利不相容原理、磁性等和自旋有关。

（3）不确定性。位置和动量无法测定，时间和能量无法测定。

（4）算符。由于不确定原理，不同物理量之间的关系仅仅是算符的关系。

（5）波函数。将微观粒子当作是一个黑箱模型，复杂的函数都可以用傅里叶展开。

注： 宏观也有不确定性、算符和黑箱模型，但没有量子力学这么彻底。

量子力学的基本假设存在十几个版本，或者更多。各个版本之间都是可以相互推出的。

1.1.1.2 量子力学基本假定

（1）微观粒子系统的运动状态的描述，可以用归一化的态矢来表示。这就是波函数假设。

$$\psi = \psi(x,\ y,\ z,\ t)$$

（2）微观粒子系统的运动状态态矢，随着 t 的改变，发生演化，可以用薛定谔方程来描述这种演化。这就是演化假设，即薛定谔方程假设。

$$i\hbar = \frac{\partial \Psi}{\partial t} = \hat{H}\Psi$$

（3）可以用线性的厄米特算符来描述相对应的物理量（与上一部分放在一起理解）。这就是算符假设。

（4）各个物理量厄米特算符中有相对应的对易关系，本书把这种对易关系叫做量子条件。本书运用量子条件来确认与之相对应的物理量算符。

（5）对随便一双全同粒子互相变换位置来说微观全同粒子系统的态矢是镜像的，例如：全同粒子中的波色子体系的态矢是镜像的，费米子系的态矢是与对称相斥的。这个假设本书称为全同粒子原理假设。

量子力学的基本假设和其他基本假设一样，只需要明白其内容便可。量子力学的基本假设是量子力学的基础，需要先接受，然后再慢慢理解其中的深厚内涵。就像牛顿力学的三大定律一样，要把牛顿三大定律当作基本假设，只是量子力学基本假设更反直觉而已。

1.1.2　薛定谔方程

一个系统的状态可以用系统中粒子的坐标和时间组成波函数（态）Ψ 来表示。

未受干扰的量子力学系统可以用含时的薛定谔方程来表示：

$$-\frac{\hbar}{i}\frac{\partial\Psi}{\partial t}=\hat{H}\Psi$$

$$\Psi=\Psi(x_1, y_1, z_1, \cdots, x_n, y_n, z_n, t)$$

对于 n 个粒子的系统，相应的用三维坐标表示的含时薛定谔方程为：

$$\hat{H}=-\sum_{i=1}^{n}\frac{\hbar^2}{2\pi m_i}\nabla_i^2+V(x_1, y_1, z_1, \cdots, x_n, y_n, z_n)$$

$$\hat{H}\Psi=E\Psi$$

$$\Psi(x_1, y_1, z_1, \cdots, x_n, y_n, z_n, t)=\mathrm{e}^{-iEt/\hbar}\Psi(x_1, y_1, z_1, \cdots, x_n, y_n, z_n)$$

式中，$\hat{H}$ 是哈密顿算符，是动能算符和势能算符之和；Ψ 是描述体系定态的状态波函数，它包含了体系所有的微观性质。

从理论上讲，对薛定谔方程求解就可以获得任何多电子体系中电子结构和相互作用的全部描述，但是因为在多电子原子中电子间存在着复杂的瞬时相互作用，其势能函数形式比较复杂，精确求解薛定谔方程从数学的角度来看是无法实现的，所以必须采用近似的方法来求解。

波函数满足薛定谔方程：

$$i\hbar\frac{\partial\psi}{\partial t}=-\frac{\hbar^2}{2m}\nabla^2\psi+U(x, y, z)\psi$$

式中，∇^2 为拉普拉斯算符。态矢随时间的变化发生演化，所以也可以叫演化方程。

哈密顿算符之所以最为重要，是因为最小作用量原理认为体系能量最低时才是最稳定的，所以据此可以作为计算终点的判据。根据分子和周期性结构不同的特点，人们进行了各种近似，把薛定谔方程分别演变为 HF 方程和 KS 方程。

1.1.3 波函数

微观粒子系统的运动状态可以用归一化的态矢来表示。这就是波函数假设。既可以用态矢来解读微观体系的状态，也可以由它求得微观粒子的所有性质。

波函数具有连续性、有限性和单值性。

波函数一般是粒子坐标和时间的复函数，波函数的模方代表粒子空间分布的概率密度。

表征量子系统的波函数 ψ 满足前述的叠加原理。特别地，任一波场可以表示为波布罗意波的叠加 $\psi = \sum_{p} C(p)\psi_p$ 。

计算的过程很大程度上是对波函数的逼近。

1.1.4 算符

可以用线性厄米特算符来表示物理量。即可以用算符 $-i\Delta$ 代替经典物理中的动量来表示物理量的算符。

$$i\hbar = \frac{\partial\psi}{\partial t} = \hat{H}\psi$$

式中，$\hat{H}$ 是体系的哈密顿算符，是最重要的算符。

在量子力学中，人们通常使用线性的厄米特算符来表示力学量，而态 $|\Psi\rangle$ 是由波函数 $|\Psi\rangle$ 上的厄米特算符改变的。

假如 Q 是任意一个厄米特算符，$|k\rangle$ 是任意一个右矢，那么就有 $Q|k\rangle = q_k|k\rangle$ 关系成立。这个关系式中，$|k\rangle$ 是 Q 的一个本征态，而 q_k 为一个实数，还存在一定的关系，如：与本征值 q_k 有关的物理量是本征态 $|k\rangle$。$\langle j|$ 是 q_j 的本征左矢，然后人们就又得出了一个关系式，是联系本征左矢和右矢的 $\langle j|Q = q_j\langle j|$。

在量子力学中人们知道实数是厄米特算符的本征值。

在量子力学中，如果有两个不同本征值的本征态矢量，它们的空间关系式正交，那么它们就是属于一个厄米特算符的。

很多的量子力学名家都告诉人们，叠加原理是可以被推导出来的，而厄米特算符的线性是它被推导出来的其中一个必要的条件。

坐标 q 与其共轭动量 p 的厄米特算符遵循如下关系：

$$[\hat{p}, \hat{q}] = \hat{p}\hat{q} - \hat{q}\hat{p} = -ih$$

如果 $[A, B] = 0$，那么就推出结论：物理量 A 和物理量 B 是具有一样的本征态。

厄米特算符 Q 的本征矢 $|k\rangle$ 构成一组正交归一的完备集，随便一个矢 $|\Psi\rangle$ 都能被展开为一组完备集。

在量子力学中，人们可以从一个基矢 $|k\rangle$ 变换到另一个基矢 $\langle j|$，它们之间的转换可以让人们推出量子力学的基本变换理论。而基矢是可以由随便一个厄米特算符的本征矢完备集中选取。

量子力学的完备体系是由变换理论和测量假设组成的。

因为存在电子交换相关作用，所以计算的过程很大程度上是对波函数的逼近。

1.2 量子力学的一些计算示例

1.2.1 波函数及其统计意义

微观粒子的运动状态称为量子态，是用波函数 $\Psi(\vec{r}, t)$ 来描述的，这个波函数反映的微观粒子波动性，就是德布罗意波（量子力学的基本假设之一）。

玻恩指出，德布罗意波或波函数 $\Psi(\vec{r}, t)$ 不代表实际物理量的波动，而是描述粒子在空间概率分布的概率波。

量子力学中描述微观粒子的波函数本身是没有直接物理意义的，具有直接物理意义的是波函数的模的平方，它代表了粒子出现的概率。

微观粒子的概率波的波函数为：

$$\Psi(\vec{r}, t) = \Psi(x, y, z, t)$$

$\rho(x, y, z, t) = \Psi^*(x, y, z, t)\Psi(x, y, z, t)$ 的概率密度：波函数模的平方 $|\Psi(\vec{r}, t)|^2$ 代表时刻 t 在 $\vec{r}$ 处附近空间单位体积中粒子出现的几率。因此 $|\Psi(\vec{r}, t)|^2$ 也被称为概率密度。即在体积元 $\mathrm{d}V$ 中某一时刻出现在某点附近的粒子的概率为：

$$|\Psi(x, y, z, t)|^2\mathrm{d}x\mathrm{d}y\mathrm{d}z \text{ 或 } |\Psi(\vec{r}, t)|^2\mathrm{d}\tau$$

波函数必须满足标准化条件：单值、连续、有限。

$\int_V \psi^*(\vec{r}, t)\ \psi(\vec{r}, t)\mathrm{d}\tau = 1$ 波函数必须满足归一化条件。

1.2.2 薛定谔方程

1.2.2.1 含时薛定谔方程

量子力学中微观粒子的状态用波函数来描述，决定粒子状态变化的方程是薛定谔方程。一般形式的薛定谔方程也称含时薛定谔方程，即：

$$i\hbar\frac{\Psi(\vec{r}, t)}{t} = \left[-\frac{\hbar^2}{2\mu}\nabla^2 + U(\vec{r})\right]\Psi(\vec{r}, t)$$

式中，μ 是粒子的质量；$U(\vec{r})$ 是粒子在外力场中的势能函数。

1.2.2.2 定态薛定谔方程

当粒子在稳定场中运动，势能函数与时间无关，即 $U = U(\vec{r})$ 时，为定态薛定谔方程：

$$\left[-\frac{\hbar^2}{2\mu}\nabla^2 + U(\vec{r})\right]\psi(\vec{r}) = E\psi(\vec{r})$$

其特解为：$\Psi(\vec{r}, t) = \Psi(\vec{r})\mathrm{e}^{-iEt/\hbar}$。

概率密度分布为：$\rho(\vec{r}, t) = \Psi^*(\vec{r}, t)\Psi(\vec{r}, t) = \psi^*(\vec{r})\psi(\vec{r})$。

1.2.3 一维势阱和势垒问题

1.2.3.1 一维无限深方势阱

图 1.1 所示为一维无限深方势阱模型。

对于一维无限深方势阱，

$$U(x) = \begin{cases} 0 \ (0 < x < a) \\ \infty \ (0 \leqslant x, \ x \geqslant a) \end{cases}, \quad k = \frac{\sqrt{2\mu E}}{\hbar}。$$

定态薛定谔方程为：$\dfrac{\mathrm{d}^2\psi}{\mathrm{d}x^2} + \dfrac{2\mu E}{\hbar^2}\psi = 0$。

令薛定谔方程的解为：$\psi(x) = A\sin(kx + \alpha)$。式中，$k$、$A$、$\alpha$ 都是常量（A、α 为积分常量），其中 A、α 分别用归一化条件和边界条件确定。

根据 $\psi(0) = 0$，可以确定 $\alpha = 0$ 或 $m\pi$，$m = 1, 2, 3, \cdots$，于是上式改写为：$\psi(x) = A\sin kx$。

根据 $\psi(a) = 0$，可以确定 $ka = n\pi$，$n = 1, 2, 3, \cdots$。

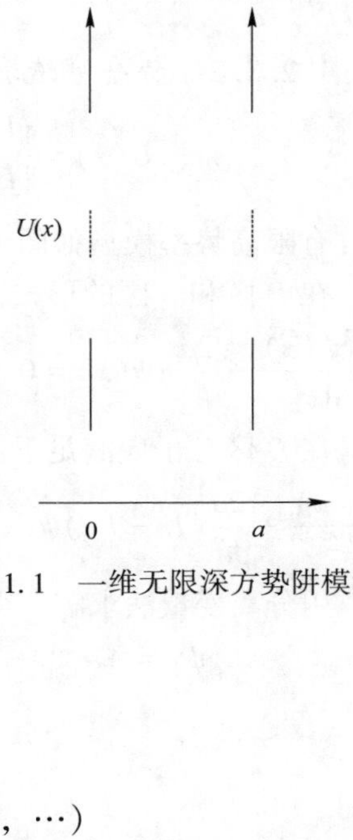

U(x)
0
a

图 1.1 一维无限深方势阱模型

根据归一化条件确定 $\sqrt{\dfrac{2}{a}}$，得能级公式为：

$$E_n = \frac{\hbar^2 k^2}{2\mu} = \frac{\pi^2\hbar^2 n^2}{2\mu a^2} \quad (n = 1, 2, 3, \cdots)$$

由此式知，一维无限深方势阱的能谱是分立谱，这个分立的能谱就是量子化了的能级。

$E_1 = \dfrac{\pi^2\hbar^2}{2\mu a^2} \neq 0$，当 $n = 1$ 时，粒子处于最低能量状态，称为基态，其基态能量（零点能）为 $E_n = n^2\dfrac{\pi^2\hbar^2}{2\mu a^2}$ $(n = 2, 3, \cdots)$。

激发态能量：一维无限深方势阱中粒子的能量是量子化的。

波动方程为$\dfrac{d^2\psi}{dx^2}+\dfrac{8\pi^2 mE}{h^2}\psi=0$。波函数为$\psi(x)=\begin{cases}0 & (x\leqslant 0,\ x\geqslant a)\\ \sqrt{\dfrac{2}{a}}\sin\dfrac{n\pi}{a}x & (0<x<a)\end{cases}$，

概率密度为$|\psi(x)|^2=\dfrac{2}{a}\sin^2\dfrac{n\pi}{a}x$，能量为$E_n=\dfrac{\pi^2\hbar^2 n^2}{2\mu a^2}$，量子数为$n=1$，2，3，…，势阱中相邻能级之差为$\Delta E=E_{n+1}-E_n=(2n+1)\dfrac{h^2}{8ma^2}$，能级相对间隔为$\dfrac{\Delta E_n}{E_n}\approx 2n\dfrac{h^2}{8ma^2}/n^2\dfrac{h^2}{8ma^2}=\dfrac{2}{n}$。当$n\to\infty$，$\dfrac{\Delta E_n}{E_n}\to 0$，能量视为连续变化。

与能量本征值E_n相对应的本征函数为$\psi_n=(x)$，归一化波函数为$\psi_n(x)=\sqrt{\dfrac{2}{a}}\sin\dfrac{n\pi}{a}x$ （$n=1$，2，3，…）。

1.2.3.2 势垒穿透和隧道效应

$$U(x)=\begin{cases}U(x)=0 & x<0(P\text{区}),\ x>a(S\text{区})\\ U(x)=U_0 & 0<x<a(Q\text{区})\end{cases}$$

有限高势垒模型如图1.2所示。

在P区和S区的形式区薛定谔方程为：

$$\frac{d^2\psi(x)}{dx^2}+\frac{2\mu}{\hbar^2}E\psi(x)=0 \quad (x<0,\ x>a)$$

在Q区粒子应满足下面的方程式：

$$\frac{d^2\psi(x)}{dx^2}+\frac{2\mu}{\hbar^2}(E-U_0)\psi(x)=0 \quad (0<x<a)$$

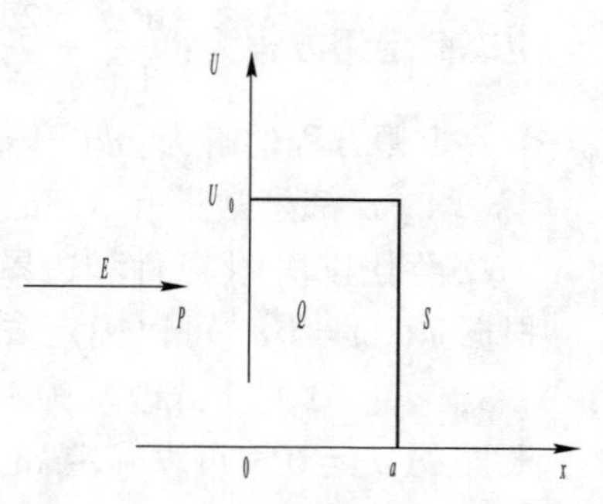

图1.2 有限高势垒模型

用分离变量法求解，得：

$$\psi_1=A_1e^{ikx}+B_1e^{-ikx} \quad (P\text{区})$$

$$\psi_2=A_2e^{\gamma x}+B_2e^{-\gamma x} \quad (Q\text{区})$$

$$\psi_3=A_3e^{ikx} \quad (S\text{区})$$

在P区，势垒反射系数：$R=\left|\dfrac{B_1}{A_1}\right|^2$

在Q区，势垒透射系数：$T=\left|\dfrac{A_3}{A_1}\right|^2$

粒子能够穿透比其动能高的势垒的现象，称为隧道效应。

经典理论：（1）$E>U_0$的粒子能越过势垒；（2）$E<U_0$的粒子不能越过势垒。

量子理论：(1) $E > U_0$ 的粒子也存在被弹回的概率——反射波；(2) $E < U_0$ 的粒子也可能越过势垒到达 S 区——隧道效应。

1.2.4 一维谐振子问题

1.2.4.1 一维谐振子的定态薛定谔方程

系统的势能为 $U(x) = \frac{1}{2}kx^2 = \frac{1}{2}\mu\omega^2 x^2$。简谐振子的能量为 $E = \frac{1}{2}kA^2 = \frac{1}{2}\mu\omega^2 A$。将势能形式代入定态薛定谔方程，得：

$$\left[-\frac{\hbar^2}{2\mu}\frac{\mathrm{d}^2}{\mathrm{d}x^2} + \frac{1}{2}\mu\omega^2 x^2\right]\psi(x) = E\psi(x)$$

1.2.4.2 一维谐振子的能量本征值

为使波函数量满足单值、连续、有限的条件，能量本征值只能取：$E = E_n = \left(n + \frac{1}{2}\right)\hbar\omega \quad (n = 1, 2, 3, \cdots)$，基态能量（零点能）为：$E_0 = \frac{1}{2}\hbar\omega$。

1.2.5 氢原子

1.2.5.1 角动量的本征函数和相应的量子数

动量的本征值为：

$$L = \sqrt{l(l+1)}\,\hbar$$

式中，L 称为轨道量子数或角量子数，表示电子相对于原子核的角动量的大小。

核外电子相对于核的角动量，称为轨道角动量。

电子轨道角动量的 z 分量的大小为：

$$L_z = m\hbar$$

式中，m 称为磁量子数，$m=0$，±1，±2，$\cdots$，$\pm l$。

轨道角动量在空间不能任意取向，而只能取某些特定方向的性质称为角动量的空间量子化。

1.2.5.2 氢原子的能级

氢原子的能级公式为：

$$E_n = -\frac{m_e e_s^4}{2\hbar^2 n^2} = -\frac{m_e e^4}{2\hbar^2 (4\pi\varepsilon_0)^2 n^2} \quad (n = 1, 2, 3, \cdots)$$

从能级公式可以看到 $E_\infty = 0$，这就是电离。

当 $n = 1$，即氢原子处于基态时，能量为：

$$E_1 = -\frac{m_e e^4}{2\hbar^2 (4\pi\varepsilon_0)^2} = -13.597\text{eV}$$

1.2.5.3 能量的本征函数和能级的简并度

对于任何一个主量子数 n，如果 $\sum_{l=0}^{n-1}(2l+1) = n^2$ 个量子态，都对应于相同的能量本征值 E_n，则这种情形就称为能级 E_n 是简并的，或者更具体地说，定态能级 E_n 的简并度是 n^2。

类氢离子能级公式：$E_n = -\dfrac{m_e Z^2 e^4}{2\hbar^2 (4\varepsilon_0)^2 n^2}$　$(n = 1, 2, \cdots)$

1.2.6 氢原子中电子的概率分布

1.2.6.1 电子概率的径向分布

在半径为 r 到 $r + \mathrm{d}r$ 的球壳内发现电子的概率为：

$$w_{nl}(r)\mathrm{d}r = \int_0^{\pi}\int_0^{2\pi} |R_{nl}(r)|^2 r^2 \mathrm{d}r |Y_{lm}(\theta, \varphi)|^2 \sin\theta \mathrm{d}\theta \mathrm{d}\varphi = R_{nl}^2(r) r^2 \mathrm{d}r$$

式中，$w_{nl} = R_{nl}^2(r) r^2$ 是电子出现在相应球壳内的概率密度，称为电子概率的径向分布函数。

可以证明，对于 $n - l - 1 = 0$ 的所有量子态的半径可表示为：$r_n = n^2 a$　$(n = 1, 2, \cdots)$。

1.2.6.2 电子概率的角度分布函数

立体角 $\mathrm{d}\Omega = \sin\theta \mathrm{d}\theta \mathrm{d}\varphi$ 内发现电子的概率为：

$$\begin{aligned} & w_{lm}(\theta, \phi)\mathrm{d}\Omega \\ = & \int_0^{\infty} |R_{nl}(r) Y_{lm}(\theta, \phi)|^2 r^2 \mathrm{d}r \sin\theta \mathrm{d}\theta \mathrm{d}\phi \\ = & |Y_{lm}(\theta, \varphi)|^2 \sin\theta \mathrm{d}\theta \mathrm{d}\varphi = |Y_{lm}(\theta, \varphi)|^2 \mathrm{d}\Omega \end{aligned}$$

式中，$w_{lm}(\theta, \phi)$ 是电子出现在相应立体角内的概率密度，称为电子概率的角度分布函数。

电子概率的角度分布函数 $w_{lm}(\theta, \phi)$ 与 φ 无关，所以角度分布函数 $w_{lm}(\theta, \phi)$ 是以 z 轴为旋转对称轴的。

1.3 自旋和全同粒子

自旋是基本粒子的固有内禀属性，其来源尚不清楚，但性质类似于轨道角动量与轨道磁矩，并可以相互耦合，在研究电子的运动状态时，应该将自旋作为一种内禀自由度，质子和中子也都有自旋，它们的自旋角动量在任何方向的投影，与电子一样，只取量子化数值 $\pm\hbar/2$， 本节将着重从其具有的性质出发讨论各种实验现象及其相关的应用。

自旋是电子的基本性质之一，是电子内禀运动量子数的简称。电子自旋的概念是乌伦贝克和古德斯米特为了解释碱金属原子光谱的精细结构以及反常塞曼效应提出的。斯特恩-格拉赫实验说明了量子力学中的测量是必定要改变微观客体的状态的。关于自旋已经有下列实验事实：

(1) 自旋在任何方向的投影只能取量子化数值 $\pm\hbar/2$。

(2) 电子的轨道磁矩与轨道角动量的比值为 $\gamma_e=-\dfrac{e}{2m_e c}$。他们认为电子的运动与地球绕太阳运动相似，电子一方面绕原子核运动，从而产生相应的轨道角动量；另一方面它又有自转，其自转的角动量为 $\hbar/2$，并且它在空间任何方向的投影都只能取两个值，即$\pm\hbar/2$（也就是自旋向上和向下两个状态↑↓)，与自旋相对应的磁矩则是 $e\hbar/(2mc)$。当然，这样带有机械性质的概念是不正确的，而自旋作为电子的内禀属性，是标志电子等各种粒子（如质子、中子等）的一个重要的物理量。

1.3.1 电子自旋的概念

在非相对论量子力学中，电子自旋的概念是在原子光谱的研究中提出来的。实验研究表明，电子不是点电荷，它除了轨道运动外还有自旋运动。

描述电子自旋运动的三个物理量有：

(1) 自旋角动量（内禀角动量）S。它在空间任一方向上的投影 S_z 只能取两个值：

$$S_z=\pm\frac{1}{2}\hbar \tag{1.1}$$

(2) 自旋磁矩（内禀磁矩）μ_s。它与自旋角动量 S 之间的关系是：

$$\mu_s=-\frac{e}{m_e}S \tag{1.2}$$

$$\mu_{s_z}=\pm\frac{e\hbar}{2m_e}=\pm\mu_B \tag{1.3}$$

式中，$-e$ 为电子的电荷；m_e 为电子的质量，μ_B 为玻尔磁子。

(3) 电子自旋的磁旋比（电子的自旋磁矩/自旋角动量）。电子自旋的磁旋比是：

$$\frac{\mu_{s_z}}{s_z}=-\frac{e}{m_e}=g_s\frac{e}{2m_e} \tag{1.4}$$

式中，$g_s=-2$ 是相应于电子自旋的 g 因数，是对于轨道运动的 g 因数的 2 倍。

需要注意的是，(1) 相对论量子力学中，按照电子的相对论性波动方程——狄拉克方程，运动的粒子必有量子数为 1/2 的自旋，电子自旋本质上是一种相对论效应。(2) 自旋的存在标志着电子有了一个新的自由度。实际上，除了静质量和电荷外，自旋和内禀磁矩已经成为标志各种粒子的重要的物理量。特别是，自旋是半奇数还是整数（包括零）决定了粒子是遵从费米统计还是玻色统计。

1.3.2 电子自旋态的描述

$\psi(r,\ s_z)$：包含连续变量 r 和自旋投影这两个变量，s_z 只能取$\pm\hbar/2$ 这两个离散值。电子波函数（两个分量排成一个二行一列的矩阵）：

$$\Psi(r,\ s_z)=\begin{pmatrix}\psi(r,\ \hbar/2)\\ \psi(r,\ -\hbar/2)\end{pmatrix} \tag{1.5}$$

(1) 若已知电子处于 $s_z=\hbar/2$，则波函数写为：

$$\Psi(r,\ s_z)=\begin{pmatrix}\psi(r,\ \hbar/2)\\ 0\end{pmatrix}$$

(2) 若已知电子处于 $s_z=-\hbar/2$，则波函数写为：

$$\Psi(r,\ s_z)=\begin{pmatrix}0\\ \psi(r,\ -\hbar/2)\end{pmatrix}$$

(3) 概率密度：

$|\psi(r,\ \hbar/2)|^2$：电子自旋向上（$s_z=\hbar/2$）且位置在 r 处的概率密度；

$|\psi(r,\ -\hbar/2)|^2$：电子自旋向下（$s_z=-\hbar/2$）且位置在 r 处的概率密度。

(4) 归一化条件：

$$\sum_{s_z=\pm\hbar/2}\int d^3r\left|\psi(r,\ s_z)\right|^2=\int d^3r\left[\,|\psi(r,\ \hbar/2)|^2+|\psi(r,\ -\hbar/2)|^2\right]=\int d^3r\psi^+\psi=1 \tag{1.6}$$

式中，$\Psi^+(r,\ s_z)=(\psi^*(r,\ \hbar/2),\ \psi^*(r,\ -\hbar/2))$ 是式 (1.5) 所示的电子波函数的厄米特共轭。

如果某一个体系的哈密顿量可以写成空间坐标部分与自旋变量部分之和，或者不包含自旋变量，则该体系的波函数可以分离变量，即：

$$\Psi(r,\ s_z)=\phi(r)\boldsymbol{\chi}(s_z) \tag{1.7}$$

式中，$\boldsymbol{\chi}(s_z)$ 是描述自旋态的波函数，其一般形式为：

$$\boldsymbol{\chi}(s_z)=\begin{pmatrix}a\\ b\end{pmatrix} \tag{1.8}$$

式中，$|a|^2$ 和 $|b|^2$ 为电子的 s_z，等于 $\hbar/2$ 和 $-\hbar/2$ 的概率。

归一化条件可表示为：

$$\sum_{s_z=\pm\hbar/2} |\boldsymbol{\chi}(s_z)|^2 = \boldsymbol{\chi}^+\boldsymbol{\chi} = (a^*,\ b^*)\begin{pmatrix}a\\b\end{pmatrix} = |a|^2 + |b|^2 = 1 \tag{1.9}$$

式中，$\boldsymbol{\chi}^+ = (a^*,\ b^*)$ 表示自旋波函数 $\boldsymbol{\chi} = \begin{pmatrix}a\\b\end{pmatrix}$ 的厄米特共轭。

（5）自旋态空间的一组正交完备基。

s_z 的本征态 $\chi_{m_s}(s_z)$：

$$\alpha = \chi_{1/2}(s_z) = \begin{pmatrix}1\\0\end{pmatrix},\quad \text{本征值 } m_s\hbar = \hbar/2$$

$$\beta = \chi_{-1/2}(s_z) = \begin{pmatrix}0\\1\end{pmatrix},\quad \text{本征值 } m_s\hbar = -\hbar/2 \tag{1.10}$$

α 和 β 构成了电子自旋态空间的一组正交完备基。

式（1.8）表示的一般的电子自旋态可以用它们来展开：

$$\chi(s_z) = \begin{pmatrix}a\\b\end{pmatrix} = a\alpha + b\beta \tag{1.11}$$

于是，电子波函数 $\psi(r,\ s_z) = \begin{pmatrix}\psi(r,\ \hbar/2)\\ \psi(r,\ -\hbar/2)\end{pmatrix}$ 可表示为：

$$\psi(r,\ s_z) = \psi(r,\ \hbar/2)\alpha + \psi(r,\ -\hbar/2)\beta \tag{1.12}$$

1.3.3　自旋算符与泡利矩阵

1.3.3.1　自旋算符

自旋角动量是一个力学量，它是电子内部状态的表征，是描写电子状态的第4个变量，在量子力学中要用一个算符 $\hat{S}$ 来描写。

（1）$\hat{S}$ 的对易关系。自旋角动量 $\hat{S}$ 是角动量，满足轨道角动量算符 $\hat{L}$ 满足的对易关系：

$$\begin{cases}\hat{S}_x\hat{S}_y - \hat{S}_y\hat{S}_x = i\hbar\hat{S}_z\\ \hat{S}_y\hat{S}_z - \hat{S}_z\hat{S}_y = i\hbar\hat{S}_x\\ \hat{S}_z\hat{S}_x - \hat{S}_x\hat{S}_z = i\hbar\hat{S}_y\end{cases} \tag{1.13}$$

（2）$\hat{S}^2$ 的本征值。由于自旋角动量 $\hat{S}$ 在空间任意方向上的投影都只能取两个值 $\pm\hbar/2$，所以 $\hat{S}_x$、$\hat{S}_y$ 和 $\hat{S}_z$ 三个算符的本征值都是 $\pm\hbar/2$，它们的平方都是 $\hbar^2/4$，即：

$$s_x^2 = s_y^2 = s_z^2 = \frac{\hbar^2}{4} \tag{1.14}$$

由此可得自旋角动量平方算符 $\hat{S}^2$ 的本征值是：

$$S^2 = s_x^2 + s_y^2 + s_z^2 = \frac{3}{4}\hbar^2 \tag{1.15}$$

令：

$$S^2 = s(s+1)\hbar^2 \tag{1.16}$$

则有：

$$s = \frac{1}{2} \tag{1.17}$$

与轨道角动量平方算符的本征值 $L^2 = l(l+1)\hbar^2$ 相比较可以看出，这里的量子数 s 与角量子数 1 相当，因此通常把 s 称为自旋量子数。电子的自旋量子数 s 只能取一个数值，$s = 1/2$。

1.3.3.2 泡利算符 $\hat{\sigma}$（无量纲）的代数性质

$$\hat{S} = \frac{\hbar}{2}\hat{\sigma} \tag{1.18}$$

将此式的分量形式代入式（1.13），得到泡利算符各分量满足的对易关系：

$$\begin{cases} \hat{\sigma}_x\hat{\sigma}_y - \hat{\sigma}_y\hat{\sigma}_x = 2i\hat{\sigma}_z \\ \hat{\sigma}_y\hat{\sigma}_z - \hat{\sigma}_z\hat{\sigma}_y = 2i\hat{\sigma}_x \\ \hat{\sigma}_z\hat{\sigma}_x - \hat{\sigma}_x\hat{\sigma}_z = 2i\hat{\sigma}_y \end{cases} \tag{1.19}$$

由于 S 沿任何方向的投影都只能取 $\pm\hbar/2$，所以 σ 沿任何方向的投影都只能取 ±1。于是 $\hat{\sigma}_x$、$\hat{\sigma}_y$ 和 $\hat{\sigma}_z$ 的本征值都是 ±1，而 $\hat{\sigma}_x^2$、$\hat{\sigma}_y^2$ 和 $\hat{\sigma}_z^2$ 的本征值都是 1。

$$\sigma_x^2 = \sigma_y^2 = \sigma_z^2 = 1 \tag{1.20}$$

用 $\hat{\sigma}_y$ 左乘和右乘式（1.19）中的第二式，并利用式（1.20），可得：

$$\hat{\sigma}_z - \hat{\sigma}_y\hat{\sigma}_z\hat{\sigma}_y = 2i\hat{\sigma}_y\hat{\sigma}_x$$

$$\hat{\sigma}_y\hat{\sigma}_z\hat{\sigma}_y - \hat{\sigma}_z = 2i\hat{\sigma}_x\hat{\sigma}_y$$

再将以上两式相加，可得：

$$\hat{\sigma}_x\hat{\sigma}_y + \hat{\sigma}_y\hat{\sigma}_x = 0 \tag{1.21}$$

即 $\hat{\sigma}_x$ 与 $\hat{\sigma}_y$ 彼此反对易。类似地可以求出其他两个式子。概括起来，泡利算符 $\hat{\sigma}$ 的三个分量彼此反对易，即：

$$\begin{cases} \hat{\sigma}_x\hat{\sigma}_y + \hat{\sigma}_y\hat{\sigma}_x = 0 \\ \hat{\sigma}_y\hat{\sigma}_z + \hat{\sigma}_z\hat{\sigma}_y = 0 \\ \hat{\sigma}_z\hat{\sigma}_x + \hat{\sigma}_x\hat{\sigma}_z = 0 \end{cases} \tag{1.22}$$

把式（1.19）和式（1.22）联立起来，可得：

$$\begin{cases} \hat{\sigma}_x\hat{\sigma}_y = -\hat{\sigma}_y\hat{\sigma}_x = i\hat{\sigma}_z \\ \hat{\sigma}_y\hat{\sigma}_z = -\hat{\sigma}_z\hat{\sigma}_y = i\hat{\sigma}_x \\ \hat{\sigma}_z\hat{\sigma}_x = -\hat{\sigma}_x\hat{\sigma}_z = i\hat{\sigma}_y \end{cases} \tag{1.23}$$

式（1.23）和式（1.19）以及厄米特性：

$$\hat{\sigma}^{+}=\hat{\sigma} \tag{1.24}$$

概括了泡利算符的全部代数性质。

1.3.3.3 泡利矩阵

在以 $\hat{S}_z$ 的本征态 α 和 β 为基矢的空间中，可以把泡利算符表示成矩阵的形式。由于 $\hat{\sigma}_z$ 的本征值只能取±1，所以泡利算符 $\hat{\sigma}$ 的 z 分量 $\hat{\sigma}_z$ 可表示成 $\hat{\sigma}_z=\begin{pmatrix}1 & 0\\ 0 & -1\end{pmatrix}$。

这样，就有：

$$\hat{\sigma}_z\alpha=\alpha$$

$$\hat{\sigma}_z\beta=-\beta \tag{1.25}$$

利用泡利算符的性质可以证明，在上述表象（泡利表象）中，泡利算符的3个分量可以表示成下列矩阵：

$$\hat{\sigma}_x=\begin{pmatrix}0 & 1\\ 1 & 0\end{pmatrix},\ \hat{\sigma}_y=\begin{pmatrix}0 & -i\\ i & 0\end{pmatrix},\ \hat{\sigma}_z=\begin{pmatrix}1 & 0\\ 0 & -1\end{pmatrix} \tag{1.26}$$

这些矩阵称为泡利矩阵，它们具有广泛的用途。

1.3.4 自旋波函数和自旋轨道

电子定态波函数 $\psi(x, y, z, \mu)$。假定电子的自旋和其轨道运动是彼此独立的，因此可以将描述轨道运动的变量和自旋变量分开：

$$\psi(x, y, z, \mu)=\psi(x, y, z)\eta(\mu)$$

式中，$\eta(\mu)$ 称为自旋波函数。

对比与电子轨道运动得出，电子绕轨道运动产生轨道角动量：$\hat{M}^2\psi=l(l+1)\hbar^2\psi$；轨道角动量大小：$M=\sqrt{l(l+1)}\hbar$；电子自旋运动产生自旋角动量：$\hat{M}_s^2\eta=s(s+1)\hbar^2\eta$；自旋角动量大小：$M_s=\sqrt{s(s+1)}\hbar$；轨道角动量沿磁场方向（$Z$ 方向）分量：$\hat{M}_z\psi=m\hbar\psi$；自旋角动量沿磁场方向（Z 方向）分量：$\hat{M}_{sz}\psi=m_s\hbar\psi$；轨道角动量沿磁场方向（$Z$ 方向）分量数值：$M_z=m\hbar$；自旋角动量沿磁场方向（Z 方向）分量数值：$M_{sz}=m_s\hbar$；m 的取值一共有 $2l+1$ 个，m_s 的取值就有 $2s+1$ 个。

通过大量实验观测到 m_s 的取值方向有两个，即 $2s+1=2$，因此 m_s 的值为 $\pm\frac{1}{2}$。$m_s=\frac{1}{2}$，自旋状态为 α，在 z 轴上的分量为 $\frac{1}{2}\hbar$，逆时针旋转，用↑表示；$m_s=-\frac{1}{2}$，自旋状态为 β，在 z 轴上的分量为 $-\frac{1}{2}\hbar$，顺时针旋转，用↓表

示。自旋反平行用↑↓表示，自旋平行用↓↓表示或用↑↑表示。

轨道波函数正交归一性：$\int \psi_i \psi_j \mathrm{d}\tau = \delta_{ij} \begin{cases} = 0 & (i \neq j) \\ = 1 & (i = j) \end{cases}$，自旋波函数正交归一

性：$\int \alpha^*(\mu)\alpha(\mu)\mathrm{d}\mu = \sum_{m_s=\frac{1}{2}}^{-\frac{1}{2}} \alpha^*(m_s)\alpha(m_s) = 1$，$\int \beta^*(\mu)\beta(\mu)\mathrm{d}\mu = \sum_{m_s=\frac{1}{2}}^{-\frac{1}{2}} \beta^*(m_s)\cdot$

$\beta(m_s) = 1$，$\int \alpha^*(\mu)\beta(\mu)\mathrm{d}\mu = \sum_{m_s=\frac{1}{2}}^{-\frac{1}{2}} \alpha^*(m_s)\beta(m_s) = 0$。

1.3.5 自旋轨道耦合和总角动量

1.3.5.1 自旋轨道耦合作用

对于均匀外磁场中的自由电子，哈密顿量中表示内禀磁矩 μ_s 与外磁场 B 相互作用的项为：

$$-\mu_s \cdot B = \frac{e}{m_e} S \cdot B = -g_s \frac{e}{2m_e} S \cdot B \tag{1.27}$$

从半经典的角度来看，在单电子原子中，相对于电子而言，核电荷是在绕电子运动，从而产生了所谓的内磁场 B_i。电子的内禀磁矩 μ_s 在这个内磁场中将受到用 $-\mu_s B_i$ 表示的作用。由于 B_i 与 L 有关，因此这一作用是与电子的轨道角动量 L 有关的。

利用有心力场 $V(r)$ 中运动的电子的相对论性波动方程——狄拉克方程可证，在二级非相对论近似下的薛定谔方程中，哈密顿量将包含有表示自旋轨道耦合能的项，即：

$$\xi(r) S \cdot L = \frac{1}{2\mu^2 c^2} \cdot \frac{1}{r} \cdot \frac{\mathrm{d}V}{\mathrm{d}r} S \cdot L \tag{1.28}$$

1.3.5.2 总角动量

对于在有心力场中运动的电子，如果忽略自旋轨道耦合作用，则可以选用 (H, L^2, L_z, S_z) 为力学量完全集，其共同本征函数可以表示为：

$$\psi_{nlmm_s}(r, S_z) = \psi_{nlm}(r, \theta, \varphi)\chi_{m_s}(S_z) \tag{1.29}$$

式中，$\psi_{nlm}(r, \theta, \varphi)$ 是 (H, L^2, L_z) 的共同本征函数。

在没有外磁场或外磁场很弱时，原子内的电子受到的自旋轨道耦合作用会对原子能级和光谱带来不可忽略的影响，产生原子光谱的精细结构。例如，碱金属原子光谱的双线结构和反常塞曼效应等。这时，由于哈密顿量中的自旋轨道耦合项的存在，使得 $[L, SL] \neq 0$，$[S, SL] \neq 0$。因此有 $[L, H] \neq 0$，$[S, H] \neq$

0。所以，轨道角动量 L 和自旋 S 都已不再是守恒量了。然而，如果考虑总角动量：

$$J = L + S \tag{1.30}$$

则可以证明，由于：

$$[J, SL] = 0 \tag{1.31}$$

因此，有 $[J, H] = 0$。

这时总角动量仍然是守恒量，在有心力场中运动的电子的能量本征态可选为 (H, L^2, J^2, J_z) 的共同本征态 φ_{ljm_j}，所对应的本征值分别为：

$$l(l+1)\hbar^2,\ j(j+1)\hbar^2,\ m_j\hbar \tag{1.32}$$

式中，$m_j = j, j-1, \cdots, -j$。

在 $l=0$ 的情况下，自旋轨道耦合项为零，总角动量就等于自旋，即 $j = s = 1/2$，$m_j = m_s = \pm 1/2$。

1.3.6 全同粒子系和原子组态

1.3.6.1 全同粒子系的交换对称性

A 全同粒子系的基本特征

静质量、电荷和自旋等内禀属性完全相同的同类微观粒子，例如：所有电子是全同粒子；所有质子是全同粒子。

全同粒子系的交换对称性指的是，任何可观测量，特别是哈密顿量，对于任何2个粒子的交换是不变的。例如，氦原子中2个电子组成的体系的哈密顿量为：

$$H = \frac{p_1^2}{2m} + \frac{p_2^2}{2m} - \frac{2e_s^2}{r_1} - \frac{2e_s^2}{r_2} + \frac{e_s^2}{|r_1 - r_2|} \tag{1.33}$$

当两个电子交换时，式（1.33）中的 H 显然不变。

B 全同粒子系波函数的交换对称性

全同粒子系的交换对称性反映到波函数上。在经典力学中，即使把2个粒子的固有性质看成是完全相同的，仍然可以区分它们，这是因为可以由跟踪每个粒子的运动轨道来分辨粒子。在量子力学中，对于全同粒子组成的多粒子体系，任何2个粒子交换一下，按照全同粒子系的交换对称性，一切测量结果都不会因此而有所改变，所以该体系的量子态是不变的，要求全同粒子系的波函数对于粒子的交换具有一定的对称性。

假设一多粒子体系由 N 个全同粒子组成，其量子态波函数为：

$$\psi(q_1, \cdots, q_i, \cdots, q_j, \cdots, q_N) \tag{1.34}$$

用 P_{ij} 表示对第 i 个粒子和第 j 个粒子的全部坐标的交换：

$$P_{ij}\psi(q_1, \cdots, q_i, \cdots, q_j, \cdots, q_N) = \psi(q_1, \cdots, q_j, \cdots, q_i, \cdots, q_N) \tag{1.35}$$

由于两个波函数 $P_{ij}\psi$ 和 ψ 所描述的是同一个量子态，故它们最多只能相差一个常数因子 C。

$$P_{ij}\psi = C\psi, \quad P_{ij}^2\psi = CP_{ij}\psi = C^2\psi \tag{1.36}$$

$$P_{ij}^2 = 1, \; C^2 = 1, \; C = \pm 1 \tag{1.37}$$

交换算符 P_{ij} 只有两个本征值 $C = \pm 1$：

$$P_{ij}\psi = \psi, \quad \text{对称波函数} \tag{1.38}$$

或

$$P_{ij}\psi = -\psi, \quad \text{反对称波函数} \tag{1.39}$$

式中，$i \neq j = 1, 2, 3, \cdots, N$。

因此，全同粒子系的交换对称性，要求波函数对于任意两个粒子的交换必须或者是对称的，或者是反对称的。

按照全同粒子系的交换对称性，有：

$$[P_{ij}, H] = 0 \quad (i \neq j = 1, 2, 3, \cdots) \tag{1.40}$$

所有 P_{ij} 都是守恒量，因此，全同粒子系的波函数的交换对称性是不随时间改变的。如果全同粒子在某一时刻处在对称（或反对称）态上，则它将永远处在对称（或反对称）态上。

C　玻色子和费米子

迄今一切实验表明，对于每一类全同粒子，它们的多体波函数的交换对称性是完全确定的；而且，全同粒子系的波函数的交换对称性与粒子的自旋之间有确定的联系。

（1）玻色子：凡自旋为 $\hbar$ 的整数倍（$S = 0, 1, 2, \cdots$）的粒子，全同粒子系的波函数对于 2 个粒子的交换总是对称的，例如，π介子（$S = 0$）和光子（$s = 1$）等，它们都遵从玻色统计法。

（2）费米子：凡自旋为 $\hbar$ 的半奇数倍（$S = 1/2, 3/2, \cdots$）的粒子，全同粒子系的波函数对于 2 个粒子的交换总是反对称的，例如电子、质子和中子等，它们都遵从费米统计法。

（3）复合粒子：由电子、质子和中子等较为基本的粒子组成的复合粒子，例如，α 粒子（氦核）或其他原子核，可以当成一类全同粒子来处理。

如果它们是由玻色子组成的，则仍为玻色子；如果它们是由奇数个费米子组成的，则仍为费米子；如果它们是由偶数个费米子组成的，则将构成玻色子，全同粒子系的统计性质也将随之改变。例如，电子是费米子，遵从费米统计法；而在超导态由 2 个电子组成的库珀对却是玻色子，遵从玻色统计法。

1.3.6.2 全同粒子系的波函数——泡利不相容原理

在粒子间相互作用可以忽略的情况下，2 个全同粒子组成体系的哈密顿量可表示为不显含时间的单粒子哈密顿量之和：

$$H = h(q_1) + h(q_2) \tag{1.41}$$

显然有 $[P_{12}, H] = 0$。

单粒子定态薛定谔方程为：

$$h(q)\phi_k(q) = \varepsilon_k \phi_k(q) \tag{1.42}$$

式中，ε_k 为单粒子能量；$\phi_k(q)$ 为归一化单粒子波函数。

对于由这 2 个粒子组成的体系，写出对应于相同总能量（已经对 2 个粒子进行编号）$E=\varepsilon_{k_1}+\varepsilon_{k_2}$ 的两个简并波函数（差别只是 q_1 和 q_2 互换）为 $\phi_{k_1}(q_1)\phi_{k_2}(q_2)$ 和 $\phi_{k_1}(q_2)\phi_{k_2}(q_1)$，这种与交换相联系的简并称为交换简并。若 $k_1 = k_2$，上述两个简并波函数是同一个对称波函数；若 $k_1 \neq k_2$，则上述两个简并波函数既不是对称函数，也不是反对称函数，因而不能满足全同粒子系的波函数必须有确定的交换对称性的要求。然而，通过它们的和或差，却可以构成对称波函数或反对称波函数。

（1）对于玻色子，要求波函数对于交换是对称的。

对于 $k_1 \neq k_2$ 情况，归一化的对称波函数为：

$$\psi^{\mathrm{S}}_{k_1k_2}(q_1, q_2) = \frac{1}{\sqrt{2}}[\phi_{k_1}(q_1)\phi_{k_2}(q_2) + \phi_{k_1}(q_2)\phi_{k_2}(q_1)] \tag{1.43}$$

对于 $k_1 = k_2$ 情况，归一化的对称波函数为

$$\psi^{\mathrm{S}}_{kk}(q_1, q_2) = \phi_k(q_1)\phi_k(q_2) \tag{1.44}$$

（2）对于费米子，要求波函数对于交换是反对称的，其归一化的反对称波函数为：

$$\begin{aligned}\psi^{\mathrm{A}}_{k_1k_2}(q_1, q_2) &= \frac{1}{\sqrt{2}}[\phi_{k_1}(q_1)\phi_{k_2}(q_2) - \phi_{k_1}(q_2)\phi_{k_2}(q_1)] \\ &= \frac{1}{\sqrt{2}}\begin{vmatrix}\phi_{k_1}(q_1) & \phi_{k_1}(q_2) \\ \phi_{k_2}(q_1) & \phi_{k_2}(q_2)\end{vmatrix}\end{aligned} \tag{1.45}$$

如果两粒子之间的相互作用不能略去，则：

$$H = h(q_1) + h(q_2) + h(q_1, q_2) \tag{1.46}$$

体系的定态波函数 $\psi(q_1, q_2)$ 不能再写成单粒子波函数 ϕ_k 乘积的形式。但是，如果 $\Phi(q_1, q_2)$ 是满足本征值方程：

$$H\Phi(q_1, q_2) = E\Phi(q_1, q_2) \tag{1.47}$$

的归一化波函数，则体系的归一化对称波函数可以写成：

$$\psi^{S}(q_1, q_2)=\frac{1}{\sqrt{2}}[\Phi(q_1, q_2)+\Phi(q_2, q_1)] \tag{1.48}$$

体系的归一化反对称波函数可以写成：

$$\psi^{A}(q_1, q_2)=\frac{1}{\sqrt{2}}[\Phi(q_1, q_2)-\Phi(q_2, q_1)] \tag{1.49}$$

(3) 泡利不相容原理。由反对称波函数$\psi^{A}_{k_1k_2}(q_1, q_2)=\frac{1}{\sqrt{2}}[\phi_{k_1}(q_1)\phi_{k_2}(q_2)-\phi_{k_1}(q_2)\phi_{k_2}(q_1)]$可以看出，如果两个全同的费米子处于同一个单粒子态，即当$k_1=k_2$时，体系的反对称波函数$\psi^{A}=0$，但这样的状态是不存在的。普遍而言，不可能有两个全同的费米子处在同一个单粒子态，这就是著名的泡利不相容原理。泡利不相容原理是一个极为重要的自然规律，是理解原子结构和元素周期表必不可少的理论基础。

1.3.6.3 两个电子的自旋三重态和单态，正氦和仲氦

在不考虑粒子自旋和轨道相互作用的情况下，两个电子组成的体系的波函数可以写成坐标函数和自旋函数的乘积：

$$\psi^{A}(q_1, q_2)=\phi(r_1, r_2)\chi(s_1, s_2) \tag{1.50}$$

对于由两个电子组成的体系，波函数ψ^{A}的反对称性可由以下两种方式之一来满足：

(1) ϕ是对称的,χ是反对称的；

(2) ϕ是反对称,χ是对称的。

设两个电子的自旋分别为S_1和S_2，则两个电子的自旋之和：

$$S=S_1+S_2 \tag{1.51}$$

由于S_1和S_2分别属于两个电子，即涉及不同的自由度，故有：

$$[S_{1\alpha}, S_{2\beta}]=0 \quad (\alpha, \beta=x, y, z) \tag{1.52}$$

可以证明，S的3个分量及$S^2=S_x^2+S_y^2+S_z^2$满足下列对易式：

$$[S_x, S_y]=i\hbar S_z,\ [S_y, S_z]=i\hbar S_x,\ [S_z, S_x]=i\hbar S_y \tag{1.53}$$

$$[S^2, S_\alpha]=0 \quad (\alpha=x, y, z)$$

A 自旋力学量完全集(S_{1z}, S_{2z})和(S^2, S_z)(两个电子组成的体系的自旋自由度为2)

设单粒子S_{1z}的本征态为$\alpha(1)$和$\beta(1)$；单粒子S_{2z}的本征态为$\alpha(2)$和$\beta(2)$。于是(S_{1z}, S_{2z})的共同本征态为：

$$\alpha(1)\alpha(2),\ \beta(1)\beta(2),\ \alpha(1)\beta(2),\ \beta(1)\alpha(2) \tag{1.54}$$

式(1.54)的各本征态都是$S_z=S_{1z}+S_{2z}$的本征态，本征值$=\hbar,-\hbar,0, 0$。

式(1.54)中的$\alpha(1)\alpha(2)$和$\beta(1)\beta(2)$是S^2的本征态($\alpha(1)\beta(2)$和

$\beta(1)\alpha(2)$ 不是)，本征值$=2\hbar^2$。

如下构成 S^2 的归一化本征态：

$$\frac{1}{\sqrt{2}}[\alpha(1)\beta(2)-\beta(1)\alpha(2)]\ (S^2\text{ 的本征值为 }0)$$

$$\frac{1}{\sqrt{2}}[\alpha(1)\beta(2)+\beta(1)\alpha(2)]\ (S^2\text{ 的本征值为 }2\hbar^2)$$

令体系的自旋角动量的平方 S^2 的本征值为：

$$S(S+1)\hbar^2 \tag{1.55}$$

则以上两个本征态分别相当于自旋量子数 $S=0$ 和 $S=1$。

B　两个电子组成的体系的自旋态分类（单电子自旋态 α 和 β）

$$\alpha(1)\alpha(2)\quad (S=1,\ M_S=1)$$

自旋三重态：

$$\frac{1}{\sqrt{2}}[\alpha(1)\beta(2)+\beta(1)\alpha(2)]\quad (S=1,\ M_S=0) \tag{1.56}$$

$$\beta(1)\beta(2)\quad (S=1,\ M_S=-1)$$

(1) 对称的自旋函数。自旋单态：

$$\frac{1}{\sqrt{2}}[\alpha(1)\beta(2)-\beta(1)\alpha(2)]\quad (S=0,\ M_S=0) \tag{1.57}$$

(2) 反对称的自旋函数。根据自旋态的种类，氦分为仲氦和正氦。

仲氦（处在自旋单态）：当氦原子处在基态时，两个电子都处在 1*s* 轨道，氦原子波函数的空间部分是对称的，这时自旋函数对于两个电子的交换是反对称的，它们的自旋相互反平行。

正氦（处在自旋三重态）：当氦原子处在低激发态时，一个电子激发到了较高的外层轨道，氦原子波函数的空间部分才可能是反对称的，这时自旋函数对于两个电子的交换则是对称的，即它们的自旋相互平行。

1.3.7　斯莱特行列式

He 的两个电子处于基态，即 1*s* 态，其完全波函数为：$\Psi(1,2)=\frac{1}{\sqrt{2}}\begin{vmatrix}1s(1)\alpha(1) & 1s(2)\alpha(2)\\ 1s(1)\beta(1) & 1s(2)\beta(2)\end{vmatrix}$。

依此类推，对于 N 个电子组成的完全波函数可用斯莱特行列式表示为：

$$\psi=\frac{1}{\sqrt{N}}\begin{vmatrix}\varphi_1(1)\chi_1(1) & \varphi_1(2)\chi_1(2) & \cdots & \varphi_1(N)\chi_1(N)\\ \varphi_2(1)\chi_2(1) & \varphi_2(2)\chi_2(2) & \cdots & \varphi_2(N)\chi_2(N)\\ \vdots & \vdots & & \vdots\\ \varphi_N(1)\chi_N(1) & \varphi_N(2)\chi_N(2) & \cdots & \varphi_N(N)\chi_N(N)\end{vmatrix}$$

1.3.8 自旋相关效应

前面得到 $|\psi(1,\ \cdots,\ N)|^2=0$，也就是说两个自旋相同的电子位于同一轨道上的概率为零。事实上，每个电子周围总存在一个“禁区”，不允许自旋相同的电子进去，这个“禁区”称为“费米空穴”。由于进去这个“禁区”需要较高的能量，这就意味着电子间实际相互作用没有哈特利自洽场法计算的那么大，应该扣除掉费米空穴引起的一部分能量。扣除的方法就是从 J_{ij} 中减去交换积分 K_{ij}，这通常称为自旋相关效应。

思考和练习题

(1) 在状态 $\psi(\varphi)=\sqrt{\frac{1}{\pi}}\cos\varphi$ 中，讨论 $\hat{l}_z$ 的值，并求 $\bar{l}_z$。

(2) 粒子在一维无限深方势阱中运动，对于基态求 $\Delta x\Delta p$。

(3) 品优波函数有哪些条件？

(4) 势阱中的粒子（包括谐振子）处于激发态时的能量都是完全确定的——没有不确定能量。这意味着粒子处于这些激发态的寿命将为多长？它们自己能从一个态跃迁到另一个态吗？

(5) 粒子在一维无限深方势阱中运动（势阱宽为 a），若其状态对应于波函数 $|\psi(x)|^2=\frac{2}{a}\sin^2\frac{3\pi}{a}x(0<x<a)$，求粒子出现的概率最大的位置。

(6) 一维无限深方势阱中粒子的定态波函数 $\psi_n(x)=\sqrt{\frac{2}{a}}\sin\frac{3\pi x}{a}$，试求粒子在 $x=0$ 和 $x=\frac{a}{3}$ 之间被找到的概率，当：1）粒子处于基态时；2）粒子处于 $n=2$ 的状态时。

(7) 一个细胞的线度为 10^5m，其中一粒子质量为 10^{-14}g，按一维无限深方势阱计算，这个粒子的 $n_1=100$ 和 $n_1=101$ 的能级和它们的差各是多少？

2 薛定谔方程的初步应用

2.1 早期的密度泛函理论

1927年，托马斯和费米就进行了用密度泛函来描述和确定体系的性质而不求助于波函数的尝试，并建立了托马斯-费米模型。在这个均匀的电子气模型中，电子不受外力，电子与电子之间也没有相互作用，经过求解电子运动的波动方程和简单的推导，就能看出体系的能量仅与电子密度的函数有关。托马斯-费米模型为密度泛函理论开创了先河，可以看成密度泛函理论的雏形。

其具体做法如下：用托马斯-费米模型处理原子中的问题。为方便起见，下面均采用原子单位，即 $e=\hbar=\mu=1$ 的单位制。基于统计的考虑，将多电子运动空间划分为边长为 l 的小容积（立方元胞），$\Delta v=l^3$。其中含有 ΔN 个电子（不同的元胞中所含电子数不同）。假定在温度近于0K时每一元胞中电子的行为是独立的费米粒子，并且各个元胞是无关的，则有三维有限势阱中自由里子的能级公式：

$$\varepsilon(n_x,\ n_y,\ n_z)=\frac{h^2}{8ml^2}(n_x^2+n_y^2+n_z^2)=\frac{h^2}{8ml^2}R^2$$

式中，量子数 $n_x,\ n_y,\ n_z=1,\ 2,\ 3,\ \cdots$；$h$ 为 Planck 常数；m 为电子质量。

对于高量子态，上式中 R 值将是很大的，于是能量小于 ε 的分离能级数可以近似地由在空间（$n_x,\ n_y,\ n_z$）中以 R 为半径的球体的1/8的容积来确定。即量子态数 $\phi(\varepsilon)$ 为：

$$\phi(\varepsilon)=\frac{1}{8}\left(\frac{4\pi}{3}R^3\right)=\frac{\pi}{6}\left(\frac{8ml^2\varepsilon}{h^2}\right)^{\frac{3}{2}} \tag{2.1}$$

而在 $\varepsilon\sim\varepsilon+\delta\varepsilon$ 间的能级数可按如下给出：

$$g(\varepsilon)\Delta\varepsilon=\varphi(\varepsilon+\delta\varepsilon)-\varphi(\varepsilon)=\frac{\pi}{4}\left(\frac{8ml^2}{h^2}\right)^{\frac{3}{2}}\varepsilon^{\frac{1}{2}}\delta\varepsilon+O((\delta\varepsilon)^2)$$

式中，$g(\varepsilon)$ 为能量为 ε 的态密度。

为了求出含 ΔN 个电子的元胞的总能量，需要利用能量 ε 的占据概率 $f(\varepsilon)$，由费米-狄拉克分布，有：

$$f(\varepsilon)=\frac{1}{1+e^{\beta(\varepsilon-\mu)}}$$

在0K附近温度，上式可转化为如下阶梯函数：

$$f(\varepsilon)=\begin{cases}1, & \varepsilon<\varepsilon_{\mathrm{F}}\\0, & \varepsilon>\varepsilon_{\mathrm{F}}\end{cases}\quad 当\ T\rightarrow 0$$

式中，ε_{F} 为费米能级。

可知，能量小于 ε_{F} 的态是电子占据的；而高于 ε_{F} 的态是空的。ε_{F} 乃是化学位 μ 的零温度极限。

下面由不同能态贡献的加和来求元胞中电子总能量：

$$\Delta E=2\int\varepsilon f(\varepsilon)g(\varepsilon)\mathrm{d}\varepsilon=4\pi\left(\frac{2m}{h^2}\right)^{\frac{3}{2}}l^3\int_0^{\varepsilon_{\mathrm{F}}}\varepsilon^{\frac{3}{2}}\mathrm{d}\varepsilon=\frac{8\pi}{5}\left(\frac{2m}{h^2}\right)^{\frac{3}{2}}l^3\varepsilon_{\mathrm{F}}^{\frac{5}{2}} \tag{2.2}$$

式中，积分号前因子2是考虑到每一个能级是双占据的，即自旋为 α 与 β 的电子各有一个。由于 ε_{F} 与元胞内的电子数 ΔN 有关，故有：

$$\Delta N=2\int f(\varepsilon)g(\varepsilon)\mathrm{d}\varepsilon=\frac{8\pi}{3}\left(\frac{2m}{h^2}\right)^{\frac{3}{2}}l^3\varepsilon_{\mathrm{F}}^{\frac{3}{2}} \tag{2.3}$$

再由式（2.2），便可得出 ΔE 与 ΔN 的关系式：

$$\Delta E=\frac{3}{5}\Delta N\varepsilon_{\mathrm{F}}=\frac{3h^2}{10m}\left(\frac{3}{8\pi}\right)^{\frac{2}{3}}l^3\left(\frac{\Delta N}{l^3}\right)^{\frac{5}{3}} \tag{2.4}$$

式中，$\Delta N/l^3=\Delta N/\Delta V=\rho$ 为每一元胞的电子密度。

所以，上式反映了电子动能与电子密度之间的联系。

加和所有元胞的贡献，便得总能量：

$$T_{\mathrm{TF}}[\rho]=C_{\mathrm{F}}\int\rho^{\frac{5}{3}}(r)\,\mathrm{d}r$$

式中 $C_{\mathrm{F}}=\frac{3}{10}(3\pi^2)^{\frac{2}{3}}=2.871$。

对于多电子原子，若只考虑核与电子以及电子间的相互作用，则能量公式为：

$$E_{\mathrm{TF}}[\rho(r)]=C_{\mathrm{F}}\int\rho^{\frac{5}{3}}(r)\,\mathrm{d}r-z\int\frac{\rho(r)}{r}\mathrm{d}r+\frac{1}{2}\iint\frac{\rho(r_1)\rho(r_2)}{|r_1-r_2|}\mathrm{d}r_1\mathrm{d}r_2$$

这就是原子的托马斯-费米理论的能量泛函公式。

上式中，$\int\rho(r)\,\mathrm{d}r=N$。虽然计算出来的 $\rho(r)$ 与实际 $\rho(r)$ 接近，但是不能对原子形成分子做出解释。

1930年，狄拉克考虑了电子的交换相互作用，并推导出在外势 $V_{\mathrm{ext}}(r)$ 中的电子的能量泛函的表达式：

$$E_{\mathrm{TF}}(\rho)$$

$$= C_1\int \mathrm{d}^3 r\rho\ (r)^{5/3} + \int \mathrm{d}^3 r V_{\mathrm{ext}}(r)\rho(r) + C_2\int \mathrm{d}^3 r\rho(r)^{4/3} + \frac{1}{2}\int \mathrm{d}^3 r\mathrm{d}^3 r' \frac{\rho(r)\rho(r')}{|r - r'|}$$

式中，$\rho(r)$ 为待确定的电子密度函数。

上式从左到右各项表达式分别表示动能的局域近似、外力能作用、交换-相关作用、经典作用能。由于托马斯-费米-狄拉克近似太粗略简单，没有考虑到物理、化学中的一些本质现象，因此没有得到广泛的应用。

2.2 哈特利-福克近似

N 个电子的多体问题的哈密顿量如下：

$$H = \sum_i \left(-\frac{\hbar^2}{2m}\right)\nabla_i^2 + \frac{1}{2}\sum_{i\neq j}\frac{e^2}{|\vec{r}_i - \vec{r}_j|} - \sum_{i,\ l}\frac{Ze^2}{|\vec{r}_i - \vec{R}_l|}$$

为简单起见，取离子实的正电荷数 $Z = 1$，则上式右边最后一项代表晶格周期势，单个电子的晶格周期势用 $V(r)$ 表示。系统的波函数用传统的斯莱特行列式形式，这样系统的能量平均值可写为：

$$E = \sum_i \int \mathrm{d}^3 r\psi_i^*(\vec{r})\left[-\frac{\hbar^2}{2m}\nabla^2 + V(\vec{r})\right]\psi_i(\vec{r}) \pm \frac{1}{2}\sum_{i\neq j}\int \mathrm{d}^3 r\mathrm{d}^3 r' |\psi_i(\vec{r})|^2 \frac{e^2}{|\vec{r} - \vec{r}'|}$$

$$|\psi_j(\vec{r}')|^2 - \frac{1}{2}\sum_{i\neq j,\ //}\int \mathrm{d}^3 r\mathrm{d}^3 r'\psi_i^*(\vec{r})\psi_j^*(\vec{r}')\frac{e^2}{|\vec{r} - \vec{r}'|}\psi_i(\vec{r})\psi_j(\vec{r}')$$

其中等式右边第二项是电子间的直接库仑作用，第三项是来源于泡利原理的平行自旋电子间的交换作用。对上式波函数进行变分，由于波函数需要满足正交归一条件，故在进行变分时引进拉格朗日乘子 ε_i：

$$\left[-\frac{\hbar^2}{2m}\nabla^2 + V(\vec{r}) + \sum_j \int \mathrm{d}^3 r' |\psi_j(\vec{r}')|^2 \frac{e^2}{|\vec{r} - \vec{r}'|}\right]\psi_i(\vec{r}) -$$

$$\sum_{j,\ //}\int \mathrm{d}^3 r'\psi_j^*(\vec{r}')\frac{e^2}{|\vec{r} - \vec{r}'|}\psi_i(\vec{r}')\psi_j(\vec{r}) = \varepsilon_i\psi_i(\vec{r}) \tag{2.5}$$

这就是著名的哈特利-福克方程，等式左边方括号中包含了离子实的晶格周期势和体系中所有电子产生的平均库仑势，均与所考虑的电子状态无关，容易处理。但左边最后一项是交换作用势，是与考虑的电子状态 $\psi_i(\vec{r}')$ 有关的，只能通过迭代自洽求解，而且在此项中还涉及其他的电子态，使得求解时仍须处理 N 个电子的联立方程组，这是交换势的非定域性导致的。

将哈特利-福克方程写成：

$$\left[-\frac{\hbar^2}{2m}\nabla^2 + V(\vec{r}) + V_{\mathrm{c}}(\vec{r}) + V_{\mathrm{ex}}(\vec{r})\right]\psi_i(\vec{r}) = \varepsilon_i\psi_i(\vec{r})$$

式中，$V_c(\vec{r}) = \int d^3r'\rho(\vec{r}')\dfrac{e^2}{|\vec{r}-\vec{r}'|}$、$V_{ex}(\vec{r}) = -\int d^3r'\rho_{av}^{HF}(\vec{r},\ \vec{r}')\dfrac{e^2}{|\vec{r}-\vec{r}'|}$分别代表电子所感受的体系中所有电子产生的平均库仑势场和定域交换势，其中$\rho(\vec{r})$和$\rho_{av}^{HF}(\vec{r},\ \vec{r}')$又分别为在哈特利近似下由所有已占据（occ）单电子波函数表示的r点电子数密度和一个仍然与所考虑的电子状态有关的非定域交换密度：

$$\rho(\vec{r}) = \sum_{i}^{occ} |\psi_i(\vec{r})|^2$$

$$\rho_{av}^{HF}(\vec{r},\ \vec{r}') = \sum_{j,\ //}^{occ} \frac{\psi_i^*(\vec{r})\psi_j(\vec{r})}{|\psi_i(\vec{r})|^2}\psi_j^*(\vec{r}')\psi_i(\vec{r}')$$

由于交换密度的求解仍然涉及N个联立方程组，斯莱特指出可以采用对其取平均的方法来求解。这时描述多电子系统的哈特利-福克方程可简化为下列单电子有效势方程：

$$\left[-\frac{\hbar^2}{2m}\nabla^2 + V_{eff}(\vec{r})\right]\psi_i(\vec{r}) = \varepsilon_i\psi_i(\vec{r})$$

$$V_{eff}(\vec{r}) = V(\vec{r}) + V_c(\vec{r}) + V_{ex}(\vec{r})$$

这就是传统固体物理学中单电子近似的来源，其中拉氏乘子ε_i通过进一步说明可知，ε_i为在多电子体系中移走一个电子而同时保持所有其他电子的状态不变时，系统能量的改变，代表在状态ψ_i上得到“单电子能量”，此即库普曼斯定理。

实际上，当一个电子状态发生改变时，很难保持其他$N-1$个电子的状态不变，另外这里哈特利-福克方程忽略了自旋反平行电子之间的相关能，在计算方面也是相当复杂的。

2.3　氢分子和氦原子的量子化学计算

氢分子是含有两个原子核a、b和两个电子1、2的体系，它们之间的距离如图2.1所示。这一体系的势能（用原子单位表示）等于：

$$V = -\frac{1}{r_{a1}} - \frac{1}{r_{a2}} - \frac{1}{r_{b1}} - \frac{1}{r_{b2}} + \frac{1}{r_{12}} + \frac{1}{R}$$

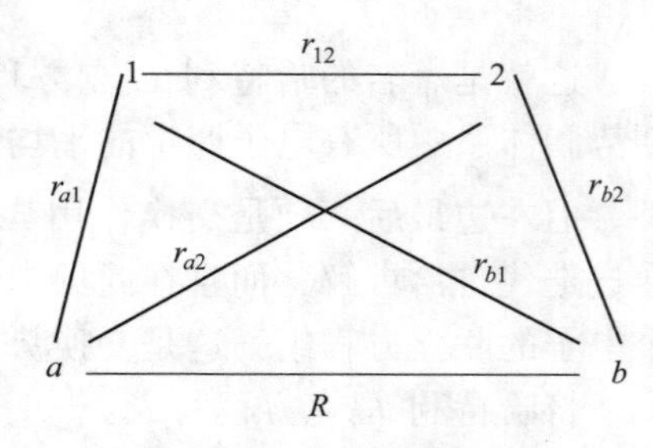

图2.1　氢分子的坐标

由此可以写出氢分子的薛定谔方程：

$$H\varphi = \left\{ -\frac{1}{2}(\nabla_1^2 + \nabla_2^2) - \frac{1}{r_{a1}} - \frac{1}{r_{a2}} - \frac{1}{r_{b1}} - \frac{1}{r_{b2}} + \frac{1}{r_{12}} + \frac{1}{R} \right\} \varphi = E\varphi \quad (2.6)$$

1927 年海特勒和伦敦首先用变分法求得上述方程的近似解。

氢分子是由两个氢原子组成的，第一个氢原子 H_a，包含原子核 a 和电子 1，第二个氢原子 H_b，包含原子核 b 和电子 2。为了选择适宜的变分函数，若 H_{a1} 和 H_{b2} 没有相互作用，则在式（2.6）中忽略 $\frac{1}{r_{a2}}$、$\frac{1}{r_{b1}}$、$\frac{1}{r_{12}}$、$\frac{1}{R}$ 这四项，那么氢分子的状态函数将是两个独立的氢原子的状态乘积：

$$\psi_{\text{I}} = \psi_a(1)\psi_b(2)$$

上式中 $\psi_a(1)$ 和 $\psi_b(2)$ 分别是氢原子 H_{a1} 和 H_{b1} 的状态函数，它们是已知的，即：

$$\psi_a(1) = \frac{1}{\sqrt{\pi}}e^{-r_{a1}},\ \psi_b(2) = \frac{1}{\sqrt{\pi}}e^{-r_{b2}}$$

同样，也可假定第一个氢原子包含原子核 a 和电子 2，第二个氢原子包含原子核 b 和电子 1，并假定 $\frac{1}{r_{a2}}$、$\frac{1}{r_{b1}}$ 之间没有相互作用，即在式（2.6）中略去 $\frac{1}{r_{a2}}$、$\frac{1}{r_{b1}}$、$\frac{1}{r_{12}}$、$\frac{1}{R}$ 这四项。那么，氢分子的状态函数将是：

$$\psi_{\text{II}} = \psi_a(2)\psi_b(1)$$

此处：

$$\psi_{\text{a}}(2) = \frac{1}{\sqrt{\pi}}e^{-r_{a2}},\quad \psi_b(1) = \frac{1}{\sqrt{\pi}}e^{-r_{b1}}$$

事实上当两个氢原子互相接近形成氢分子时，原子之间又密切相互作用，这时式（2.6）中任何一项都不能忽略不计，而所谓氢原子 H_{a1}、H_{b1} 或 H_{a2}、H_{b2} 已经没有意义，所以 ψ_{I} 或 ψ_{II} 并不能表示氢分子的状态。

ψ_{I} 或 ψ_{II} 虽然不能表示氢分子的状态，但它们满足状态函数的一般条件(此点最重要)，并且也反映氢分子的某种臆想的情况（即核间距离 R 很大时的情况)，所以不妨采取它们的线性组合作为变分函数，即：

$$\varphi = C_1\psi_{\text{I}} + C_2\psi_{\text{II}} = C_1\psi_a(1)\psi_b(2) + C_2\psi_a(2)\psi_b(1)$$

变分函数的选择是带有尝试性的，选择是否适当要从计算的结果来判断。确定了变分函数的形式后，就可以用处理 H_2^+ 问题的同样方法求得 H_2 的两种近似状态函数，以及它们的能量 E_S 和 E_A。从计算结果看 E_S 和 E_A 都是核间距 R 的函数。图 2.2 中实线表示计算所得的能量曲线 E_S 和 E_A。

从图 2.2 中可以看出：

（1）与状态函数 E_S 相当的能量曲线 E_S 有一最低点，所以 H_2 能够稳定地存在。曲线 E_S 和 E_A 的形状和正确的能量曲线相似，所以海特勒和伦敦处理 H_2 的方法基本上是正确的。

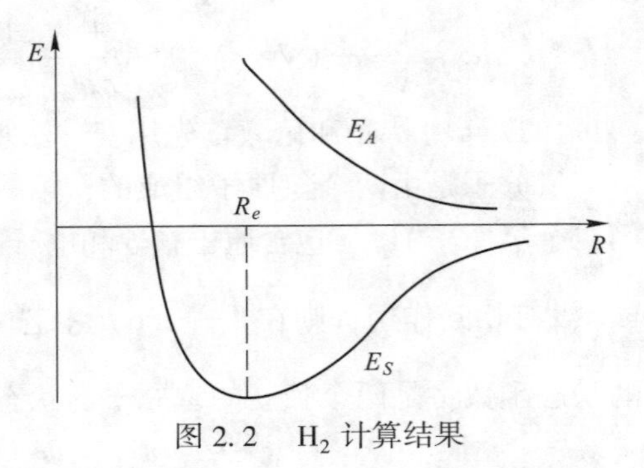

图 2.2　H_2 计算结果

（2）最低点的坐标是 $R_0 = 1.64$，$a_0 = 0.087\text{nm}$，$D_e = 302.21\text{kJ/mol}$。而实验值是 $R_0 = 0.074\text{nm}$，$D_e = 455.62\text{kJ/mol}$。所以定量地讲，计算值的误差是相当大的；但是从定性上揭示了共价键的本质，是划时代的。

（3）与状态函数 ψ_A 相当的能量曲线 E_A 没有最低点，所以在 ψ_A 状态的 H_2 是不稳定的。它将自动离解为两个 H 原子。ψ_S 和 ψ_A 分别称为基态和排斥态。

海特勒和伦敦处理氢分子问题的结果可简述于下：当两个氢原子自远处接近时，它们间的相互作用就渐渐增大。在较近的距离下，原子间的相互作用和它们所含电子的自旋有密切关系。如果电子的自旋是反平行的，那么在达到平衡距离以前，原子间的相互作用是吸引的，即体系的能量随 R 的减小而不断降低；但在达到平衡距离以后，体系的能量就随 R 的减小而迅速升高，因此 H_2 可以振动于平衡距离的左右而稳定存在，如图 2.2 中 E_S 曲线所示，这就是 H_2 的基态。

如果电子的自旋是平行的，那么原子间的相互作用永远是推斥的，如图 2.2 中 E_A 曲线所示，因此不可能形成稳定分子。这就是 H_2 的排斥态。

2.4　氦原子的计算

2.4.1　关于氦原子的计算

氦原子是原子的多电子问题的最简单的例子。对于多电子问题，薛定谔方程长期以来没有精确解。氦原子为各种可用的获得方程近似解的技巧提供了一个考验。

多电子薛定谔方程的解应该显示电子间的相关。有几种类型的波函数具有这一性质。最简捷的是一个特别包含有电子间距离的波函数。1929 年，海勒雷斯首先对氦原子研究了这一类型的波函数，他用 r_1、r_2 和 r_{12} 的多项式乘非相关波函数 $e^{(r_1+r_2)}$。其中最简单的波函数是：

$$e^{-1.849(r_1+r_2)}(1 + 0.36r_{12})$$

这个函数给出仅与实验值相差 0.34eV 的能量。采用一个 14 项的多项式，其结果与实验的吻合在 0.002eV 的范围内。近年来，甚至使用了更长的多项式，可以说计算结果和实验值是完全符合的。

海勒雷斯和其他人关于获得氦原子精确波函数的工作是重要的，因为这一工作证明了薛定谔方程是正确的双电子原子运动方程。所以，薛定谔方程对多电子原子和分子也是正确的，尽管在这些场合还不能精确地求解。遗憾的是，对多于二电子的问题，海勒雷斯型的波函数陷入极端的数学纷扰。

2.4.2 哈特利方程

多电子体系的薛定谔方程为：

$$\hat{H}_{el}\Psi(1,2,\cdots,N)=E\Psi(1,2,\cdots,N)$$

其需采用单电子近似。哈特利方程是用于处理多电子体系的等效的单电子薛定谔方程：

$$[\hat{h}(\vec{r}_1)+\hat{v}(\vec{r}_1)]\varphi_i(\vec{r}_1)=\varepsilon_i\varphi_i(\vec{r}_1)$$

$$\hat{h}(\vec{r}_1)=-\frac{1}{2}\nabla_1^2-\sum_{\alpha}\frac{Z_\alpha}{r_{1\alpha}}$$

式中，$\hat{v}(\vec{r}_1)$ 为其他电子对电子 1 的平均库仑排斥作用。

若单电子薛定谔方程已被求解，则多电子体系：

$$\Psi(1,2,\cdots,N)=\psi_1(1)\psi_2(2)\cdots\psi_N(N)$$

$$E_0=\langle\Psi|\hat{H}_{el}|\Psi\rangle$$

以两电子体系为例：

设电子 1、2 的状态分别为 $\varphi_i(\vec{r}_1)$ 和 $\varphi_k(\vec{r}_2)$，$|\varphi_k(\vec{r}_2)|^2$ 为电子 2 在空间某处的几率密度，$(-1)|\varphi_k(\vec{r}_2)|^2\mathrm{d}\vec{r}_2$ 为电子 2 在空间某处 $\mathrm{d}\vec{r}_2$ 体积元的电量，则电子 2 对电子 1 的平均作用势为：

$$v(\vec{r}_1)=\int(-1)\frac{(-1)|\varphi_k(\vec{r}_2)|^2}{r_{12}}\mathrm{d}\vec{r}_2=\int\frac{|\varphi_k(\vec{r}_2)|^2}{r_{12}}\mathrm{d}\vec{r}_2$$

推广：N 电子体系中其他 $N-1$ 个电子对电子 1 的平均作用势为：

$$v(\vec{r}_1)=\int\frac{|\varphi_k(\vec{r}_2)|^2}{r_{12}}\mathrm{d}\vec{r}_2+\int\frac{|\varphi_l(\vec{r}_3)|^2}{r_{13}}\mathrm{d}\vec{r}_3+\cdots=\sum_{j\neq i}^{N-1}\int\frac{|\phi_j(\vec{r}_2)|^2}{r_{12}}\mathrm{d}\vec{r}_2$$

所以，单电子方程为：

$$[\hat{h}(\vec{r}_1)+\sum_{j\neq i}^{N-1}\hat{J}_j(\vec{r}_1)]\varphi_i(\vec{r}_1)=\varepsilon_i\varphi_i(\vec{r}_1)\text{（哈特利方程）}$$

式中，$\hat{J}_j(\vec{r}_1)=\int\frac{|\varphi_j(\vec{r}_2)|^2}{r_{12}}\mathrm{d}\vec{r}_2$ 称为库仑算符。

哈特利方程形式上是一个算符本征值方程，但实际上是一组积分-微分方程，哈特利提出用叠代法求解，并称为自洽场（SCF）方法：

$$\{\phi_j^{(0)}\,|\,j=1,\,2,\,\cdots,\,N\}\rightarrow \hat{J}_j^{(0)}\rightarrow\{\varepsilon_i^{(1)}\},\ \{\phi_i^{(1)}\}\rightarrow \hat{J}_j^{(1)}\rightarrow\{\varepsilon_i^{(2)}\},\ \{\phi_i^{(2)}\}\rightarrow\cdots$$

在三种化学键理论中，分子轨道理论是在 1928 年由马利肯等人首先提出的，1931 年休克尔提出的简单分子结构理论对早期处理共轭分子体系具有重要作用。分子轨道理论计算较简便，又得到光电子能谱实验的支持，故使它在化学键理论中占主导地位。

马利肯与洪特一起发展了化学键的分子轨道理论，它基于这样的思想：分子中的电子在所有核产生的场中运动，孤立的原子轨道组成分子轨道，分子轨道延伸在分子中的两个或两个以上的原子上。马利肯指出如何从该分子的光谱中得到这些轨道的相关能量。而且，马利肯寻找分子轨道的方法是把原子轨道组合起来（LCAO，即原子轨道的线性组合），他指出键能可由原子轨道的重叠量得到。

尽管 MO 理论跟 VB 理论几乎同时提出，但在 MO 理论里化学家们原先习惯用的价键概念不明显，并且在理论计算上也存在着一定的局限（如根据初期 MO 理论推算出的 H_3 分子反而比 H_2 稳定等），故在开始时并没有受到化学家们的关注。后来 VB 理论遇到了严重困难，而 MO 理论提出的“分子轨道”等概念在解决 VB 理论所难以解决的一系列问题中取得了非常显著的成效，并且 MO 理论中的数学计算可以程序化，适宜于用电子计算机来处理；更加重要的是，MO 理论能和化学经验进一步密切结合，以分子轨道法处理分子结构的结果与分子光谱实验数据相吻合；尤其是近年来光电子能谱等丰富的实验成果，进一步证实了 MO 理论基本观点及其结论的正确性。可见，在指导实验研究方面，MO 理论已比 VB 理论发挥更大的作用。因此，从 20 世纪 50 年代开始，MO 理论获得了广泛的承认，进入 70 年代以后，随着计算机技术及计算方法的不断突破，MO 理论的迅速发展更引人注目。当然，有关 VB 理论的计算最近也开始程序化了，这方面的进展也不容忽视。

2.4.3 哈特利-福克方程

考虑到交换反对称性，电子波函数用单个行列式表示：

$$|\Psi\rangle = |\psi_1\psi_2\psi_3\ldots\psi_N\rangle$$

它由一组正交归一的单电子波函数（自旋轨道）构成：

$$\psi_i=\varphi_i\eta_i,\ \langle\psi_i|\psi_j\rangle=\delta_{ij}$$

则哈特利方程被改造为哈特利-福克方程：

$$\hat{f}(1)\psi_i(1)=\varepsilon_i\psi_i(1)$$

其中福克算符：

$$\hat{f}(1)=-\frac{1}{2}\nabla_1^2-\sum_\alpha\frac{Z_\alpha}{r_{1\alpha}}+\sum_j^N[\hat{J}_j(1)-\hat{K}_j(1)]$$

$$\hat{f}(1)=\hat{h}(1)+\hat{v}^{\mathrm{HF}}(1)$$

哈特利-福克等效单电子势：

$$\hat{v}^{\mathrm{HF}}(1)=\sum_{j}^{N}[\hat{J}_j(1)-\hat{K}_j(1)]$$

它包含了其他电子对电子 1 的库仑作用和交换作用。

$$\hat{J}_j(1)\psi_i(1)=[\int\psi_j^*(2)\frac{1}{r_{12}}\psi_j(2)\mathrm{d}q_2]\psi_i(1)$$

交换算符：

$$\hat{K}_j(1)\psi_i(1)=[\int\psi_j^*(2)\frac{1}{r_{12}}\psi_i(2)\mathrm{d}q_2]\psi_j(1)$$

注意：

$$\int\psi_j^*(2)\frac{1}{r_{12}}\psi_i(2)\mathrm{d}q_2=\int\varphi_j^*(\vec{r}_2)\frac{1}{r_{12}}\varphi_i(\vec{r}_2)\mathrm{d}\vec{r}_2\int\eta_j^*(\omega_2)\eta_i(\omega_2)\mathrm{d}\omega_2$$

若反自旋，则上式为零（同自旋电子才有交换作用）。

对于闭壳层体系：

$$|\Psi_0\rangle=|\psi_1\psi_2\cdots\psi_N\rangle=|\varphi_1\overline{\varphi}_1\cdots\varphi_i\overline{\varphi}_i\cdots\varphi_{\frac{N}{2}}\overline{\varphi}_{\frac{N}{2}}\rangle$$

可将自旋部分处理掉，得空间轨道 HF 方程：

$$\hat{f}(\vec{r}_1)\varphi_i(\vec{r}_1)=\varepsilon_i\varphi_i(\vec{r}_1)$$

$$\hat{f}(\vec{r}_1)=-\frac{1}{2}\nabla_1^2-\sum_{\alpha}\frac{Z_\alpha}{r_{1\alpha}}+\sum_{j}^{N/2}[2\hat{J}_j(\vec{r}_1)-\hat{K}_j(\vec{r}_1)]$$

库仑算符：

$$\hat{J}_j(\vec{r}_1)\varphi_i(\vec{r}_1)=[\int\varphi_j^*(\vec{r}_2)\frac{1}{r_{12}}\varphi_j(\vec{r}_2)\mathrm{d}\vec{r}_2]\varphi_i(\vec{r}_1)$$

交换算符：

$$\hat{K}_j(\vec{r}_1)\varphi_i(\vec{r}_1)=[\int\varphi_j^*(\vec{r}_2)\frac{1}{r_{12}}\varphi_i(\vec{r}_2)\mathrm{d}\vec{r}_2]\varphi_j(\vec{r}_1)$$

2.4.4 福克算符的性质

（1）福克算符是等效单电子哈密顿算符：

$$\hat{f}(1)=\hat{h}(1)+\hat{v}^{\mathrm{HF}}(1)$$

$$\hat{f}(1)=-\frac{1}{2}\nabla_1^2-\sum_{\alpha}\frac{Z_\alpha}{r_{1\alpha}}+\sum_{j}^{N}[\hat{J}_j(1)-\hat{K}_j(1)]$$

（福克算符本征函数即分子轨道，本征值即轨道能）

（2）福克算符是厄米特算符。

(3) 福克算符是分子点群的对称算符。

$$\hat{f}\hat{R} = \hat{R}\hat{f}$$

$$\hat{R}^{-1}\hat{f}\hat{R} = \hat{f}$$

分子轨道属于分子点群的不约表示。

(4) 福克算符之和：

$$\sum_{n=1}^{N} \hat{f}(n) = \hat{H}^{\mathrm{HF}} \neq \hat{H}_{el}$$

(福克算符之和将电子间作用重复计入)。

(5) 福克算符包含待求的自旋轨道（要用叠代法求解)。

2.5 轨道能与电子总能量

2.5.1 轨道能

轨道能的求解可以通过求解影响薛定谔方程得出。

$$\hat{f}(\vec{r}_1)\varphi_i(\vec{r}_1) = \varepsilon_i \varphi_i(\vec{r}_1)$$

$$\hat{f}(\vec{r}_1) = \hat{h}(\vec{r}_1) + \sum_{j}^{N/2} [2\hat{J}_j(\vec{r}_1) - \hat{K}_j(\vec{r}_1)]$$

$$\varepsilon_i = \langle \varphi_i | \hat{f} | \varphi_i \rangle = \left\langle \varphi_i \middle| \hat{h}(\vec{r}_1) + \sum_{j}^{N/2} 2\hat{J}_j(\vec{r}_1) - \hat{K}_j(\vec{r}_1) \middle| \varphi_i \right\rangle$$

$$= \langle \varphi_i | \hat{h}(\vec{r}_1) | \varphi_i \rangle + \left\langle \varphi_i \middle| \sum_{j}^{N/2} 2\hat{J}_j(\vec{r}_1) - \hat{K}_j(\vec{r}_1) \middle| \varphi_i \right\rangle$$

$$\varepsilon_i = \varepsilon_i^0 + \sum_{j}^{N/2} 2J_{ij} - K_{ij}$$

式中, $J_{ij} \equiv \langle ij \mid ij \rangle \equiv \int d\vec{r}_1 d\vec{r}_2 \varphi_i^*(\vec{r}_1)\varphi_j^*(\vec{r}_2) r_{12}^{-1} \varphi_i(\vec{r}_1)\varphi_j(\vec{r}_2)$, $K_{ij} \equiv \langle ij \mid ji \rangle \equiv \int d\vec{r}_1 d\vec{r}_2 \varphi_i^*(\vec{r}_1)\varphi_j^*(\vec{r}_2) r_{12}^{-1} \varphi_j(\vec{r}_1)\varphi_i(\vec{r}_2)$。

2.5.2 电子总能量

电子总能量不等于占据轨道的轨道能之和。

$$E_0 = \langle \Psi_0 | \hat{H}_{el} | \Psi_0 \rangle = \sum_{i}^{N/2} 2\langle i | \hat{h} | i \rangle + \frac{1}{2}\sum_{i}^{N/2}\sum_{j}^{N/2} [2\langle ij \mid ij \rangle - \langle ij \mid ji \rangle]$$

$$E_0 = \sum_{i}^{N/2} 2\varepsilon_i^0 + \frac{1}{2}\sum_{i}^{N/2}\sum_{j}^{N/2} [2J_{ij} - K_{ij}]$$

$$\left(E_0 = \sum_i^{N/2} 2\varepsilon_i - \frac{1}{2}\sum_i^{N/2}\sum_j^{N/2}[2J_{ij} - K_{ij}]\right)$$

HF 理论是一个双电子理论。

给定核构型下的分子总能量为总电子能加上核-核排斥：

$$U(\{\vec{R}_\alpha\}) = E_0(\{\vec{R}_\alpha\}) + \sum_{\alpha=1}^{M}\sum_{\beta>\alpha}^{M}\frac{Z_\alpha Z_\beta}{R_{\alpha\beta}}$$

思考和练习题

(1) 简述 LCAO-MO 的含义。

(2) 体系波函数、轨道、电子云密度间有何联系与区别?

(3) 设两电子在弹性受力场中运动，每个电子的势能是 $U(r) = \frac{1}{2}\mu\omega^2 r^2$。如果电子之间的库仑能和 $U(r)$ 相比可以忽略，求当一个电子处在基态，另一电子处于沿 x 方向运动的第一激发态时，两电子组成体系的波函数。

(4) 一个质量为 m 的粒子被束缚在边长为 l 的二维正方形势箱中运动，其本征函数及其对应的能量分别为：

$\psi_{n_x n_y} = \sqrt{\frac{4}{l^2}}\sin\left(\frac{n_x \pi x}{l}\right)\sin\left(\frac{n_y \pi y}{l}\right)$，$E_{n_x n_y} = \frac{h^2}{8ml^2}(n_x^2 + n_y^2)$ （$n_x = 1, 2, \cdots$；$n_y = 1, 2, \cdots$），若该粒子某一运动状态用波函数 $\psi_{n_x n_y} = c_1\psi_{11} + c_2\psi_{21} + c_3\psi_{12}$ 表示，其中 $c_1^2 + c_2^2 + c_3^2 = 1$，请求出：

1）该粒子处于基态和第一激发态的几率；

2）计算该粒子出现在 $0 \leqslant x \leqslant \frac{l}{2}$，$0 \leqslant y \leqslant \frac{l}{2}$ 范围内的几率，并计算该粒子的能量平均值；

3）对此粒子的能量做一次测量，估计可能的实验结果。

(5) 若用 ϕ_a 和 ϕ_b 分别表示 H_2 中 a 原子核和 b 原子核所对应的 $1s$ 原子轨道，1 和 2 分别表示 H_2 中的两个电子，请写出用价键理论和简单的分子轨道理论描述 H_2 的基态空间波函数形式（忽略归一化系数），并指出它们为什么不能正确描述分子中 2 个电子的相关情况，如何改进?

3 量子化学

电子结构计算，最终应用在分子中，形成量子化学学科。在量子化学中，分子轨道理论是最为重要的，其次是相对价键理论和配位场理论。分子轨道理论认为分子中的电子是全同的，可应用三种近似的方法来解决多电子体系的薛定谔方程。

（1）波恩-奥本海默近似。电子的运动和核的运动分离，电子在核的相对位置固定不变的力场中运动。

（2）哈特利-福克近似。在多电子体系里，单个电子在与其他多个电子相互作用，而不是孤立的。

（3）原子轨道线性组合。分子轨道可以用原子轨道线性组合得到。

历史上，分子轨道理论主要分为休克尔分子轨道法和 HF 方法，以后者为重点。

3.1 势能面和分子构型优化

计算化学研究分子性质，是从优化分子结构开始的。通常认为，在自然情况下分子主要以能量最低的形式存在。只有低能的分子结构才具有代表性，其性质才能代表研究体系的性质。

结构优化是高斯程序的常用功能之一。分子构型优化的目的是得到稳定分子或过渡态的几何构型，用 ***Z*** 矩阵成者 Gauss View 输入的结构通常不是精确结构，必须优化。至于不稳定分子、构型有争议的分子、目前还难以实验测定的过渡态结构，优化更为必要。

3.1.1 势能面

基于电子运动和核运动可分离假定的势能面概念是现代化学物理学最重要的思想之一。

从动力学理论计算的角度来讲，势能面是最基本也是非常重要的一个因素，势能面的准确程度对动力学计算的结果有直接影响。势能面的形状反映了整个化学反应过程的全貌以及反应的始终态、中间体和过渡态的基本态势。在势能面上连接这些态的一条最容易实现的途径就是整个化学反应的路径。势能面上反应体系反映了坐标的各种物理化学性质的变化，提供了反应历程的详尽信息。势能面提供了反应过程的舞台，它包含了整个反应过程的信息库。获得正确的势能面是从理论上研究化学反应的首要任务。

3.1.1.1 势能面的构建理论

目前势能面的来源主要有两种：一种是在从头算基础上的数值拟合，另一种是利用半经验表达形式确定参数。第一种方法原则上是可以精确描述化学反应。具体方法是借助从头算得到一些分立几何构型点的能量，然后借助这些分立的能量点做势能面拟合。

3.1.1.2 非绝热效应

电子的非绝热过程普遍存在于光化学反应、激发态物种之间的碰撞、燃烧反应、异质溶解过程和电荷转移过程之中。目前不仅对三原子体系的非绝热反应过程进行了研究，而且已经拓展到了四原子以及更多原子的反应体系。

3.1.1.3 光化学反应

光化学反应是一个原子、分子、自由基或离子吸收一个光子引发的化学反应。光化学反应是由物质的分子吸收光子后引发的反应。分子吸收光子后，内部的电子发生能级跃迁，形成不稳定的激发态，然后进一步发生离解或其他反应。

3.1.1.4 电子的绝热过程

绝热近似(定核近似)就是在研究分子时，将电子的运动与核的运动相分离，其根据是原子核的质量比电子的质量要大得多，而运动比电子慢得多。因此，可近似地认为电子可以迅速适应原子核的运动，即某一时刻电子的运动状态只由该时刻原子核在晶体中的位置决定，电子状态的能量是原子核坐标的函数。这样在解薛定谔方程的时候就可以将电子的运动和核的运动分开处理，然后进一步研究分子体系在单一势能面上的运动规律，电子态之间不发生跃迁。在特定的电子态下，由特定的势能面研究核的振动和转动。

假定一个原子核只在一个绝热势能面上运动是研究分子体系的一个出发点。

绝热近似的物理意义：核的慢速运动只会导致电子态的变形，而不会导致电子态的跃迁。

绝热近似成立的前提：核的动能要小于电子态之间的能量间隙，这样核的运动就不会造成电子态之间的跃迁，而仅仅造成电子态的扭曲。当电子态的能量在某处接近简并的时候该近似将不能描述分子体系，当两个势能面的耦合值出现极点时，绝热近似将彻底失效。

电子的非绝热过程：考虑电子态与原子核振动的耦合，体系不严格遵从 BO 近似。电子态之间发生跃迁，研究的是不同势能面之间的跃迁。

电子状态确定的体系的势能随其核位置改变的图形称为势能面。

根据波恩-奥本海默近似，分子基电子态的能量可以看作只是核坐标的函数，分子力学中的所有定义的函数均只是核坐标的函数，体系能量的变化可以看成是在一个多维面上的运动。整个分子势能随着所有可能的原子坐标变量变化，是一个在多维空间中的复杂势能面，统称势能面。势能面是与绝热近似紧密联系的。比如，对于某个分子及其核外电子，有基态势能面、第一激发态势能面等。这里的基态、第一激发态指的就是核外电子的排布状态。基态是所有的电子全部处在核外能量最低的分子轨道上，每个轨道2个电子，依次往上排；而第一激发态则是最外层的一个电子跳跃到离它最近的一个高能轨道上。由于核外电子状态的改变需要较高的能量（吸收光子），所以在没有外界能量交换的情况下，始终处于基态或某个激发态。分子在这个状态下的势能面，就叫绝热势能面。

势能面是一个超平面，由势能对全部原子的可能位置构成，全部原子的位置可用（$3N-6$）个坐标来表示（双原子分子，独立坐标数为1）。直角坐标数：$3N$；描述平动坐标数：3；描述转动：3；独立坐标数：$3N-6$。

势能面上的点，最重要的是势能对坐标一阶微商为零的点。

$$\frac{\partial V}{\partial q_i} = 0 = -\vec{F} \quad (i = 1, 2, 3, \cdots, 3N-6)$$

势能对坐标的一阶微商对应着力，因此处于势能面的点受到的力为零，这样的点称为不动点。势能面中，所有的“山谷”为极小点，对这样的点，向任何方向在势能面上移动——轻微改变结构，将引起势能升高。极小点可以是区域极小点（在有限区域内的），也可以是全局（整个势能面上）的极小点。极小点对应于体系的平衡结构，对单一分子不同的极小点对应于不同的构象或结构异构体。对于反应体系极小点对应于反应物、产物、中间物等。考虑到量子化学是对静态的体系进行研究，极小点是体系真实性质的代表点，因此是研究重点。

这些极小点从数学意义上来讲是势能对坐标的一阶导数为零，而二阶导数为正（海森矩阵本征值为正），因此可用数学方法搜索（如优化等）。需要注意的是，一般优化方法仅可找到初始构型附近的极小点，因此优化的初始构型非常重要。对于极小点，如果偏离位置将受到相反方向的力，因此可以计算出振动频率。振动频率对应分子光谱（拉曼光谱）。一般优化过程为节省时间其海森矩阵本征值采用的是估算，因此要严格确定优化的结果是否是真正的极小点需要作频率分析，计算出的频率应均为正；如出现负值，可能是由对称性限制引起的。

3.1.1.5 鞍点

势能面上的另一类重要的不动点为鞍点（更严格应称一阶鞍点），这些鞍点是连接两个极小点中间最底的“山口”，对应于化学反应体系的过渡态（或构型变化中的中间态）。从数学意义上，在鞍点处势能对坐标的一阶导数为零，而海森矩阵本征值只有一个负值。鞍点是在其中一个方向上具有极大，而其他方向均为极小。鞍点是由于其形状如马鞍而得名。同极小点类似，严格的鞍点需要进行频率分析验证，必须有且只有一个虚频率（频率为负）。

3.1.1.6 最小能量途径

最小能量途径是连接势能面上两个极小点之间最低的能量途径，最小能量途径也称内禀反应坐标。形象地形容最小能量途径是从鞍点放置一个球，球在势能面上自然滚落，并且起速度在每经过的点都得到充分的阻尼，最后落到极小点所经过的路径。当势能面使用质量权重坐标时，最小能量途径为最快下降途径（如图 3.1 所示）。

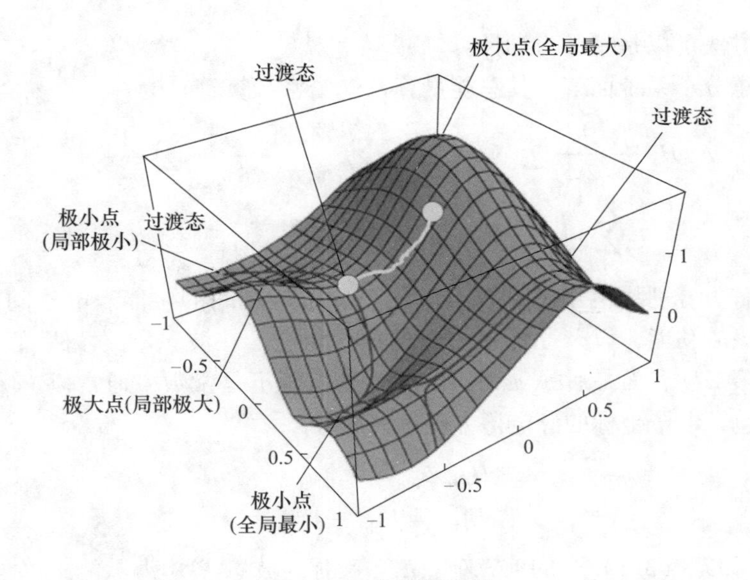

图 3.1 最小能量途径

分子势能的概念源于波恩-奥本海默近似，根据其近似，分子基态的能量可以看作只是核坐标的函数，体系能量的变化可以看成是在一个多维面上的运动。分子可以有很多个可能的构型，每个构型都有一个能量值，所有这些可能的结构所对应的能量值的图形表示就是一个势能面。势能面描述的是分子结构和其能量之间的关系，以能量和坐标作图，势能面上的每一个点对应一个结构。

分子势能对于核坐标的一阶导数是该方向的势能梯度矢量，各方向势能梯度矢量均为零的点称为势能面上的驻点。在任何一个驻点上，分子中所有原子都不受力。驻点包括全局极大点（最大点）、局部极大点、全局极小点（最小点）、局部极小点和鞍点（包括一阶鞍点和高阶鞍点）。具体来说，在势能面上，所有的“山谷”为极小点，对这样的点，向任何方向几何位置的变化都能引起势能的升高。极小点对应着一种稳定几何构型，单一分子不同的极小点对应于不同构象或结构异构体。对于反应体系，极小点对应于反应物、产物、中间物等。而最小点对应着最稳定几何构型。高阶鞍点没有化学意义。一阶鞍点是只在一个方向是极大值，其他方向都是极小值的点，对应于过渡态。

3.1.2 确定能量极小值

构型优化过程是建立在能量计算基础之上的，即寻找势能面上的极小值，而这个极小值对应的就是分子的稳定几何形态。如果势能面上极小值不止一个，优化结果也可能是局部极小而不是全局极小。至于得到哪一个极小，往往与初始模型有关。

计算方法可以是量子力学计算。

对任意分子系统而言，其总能量算符（哈密顿算符）为：

$$\hat{H} = -\frac{\hbar^2}{2m_e}\sum_i \nabla_i^2 - \frac{e^2}{4\pi\varepsilon_0}\sum_{i,A}\frac{Z_A}{r_{i,A}} + \frac{e^2}{4\pi\varepsilon_0}\sum_{i>j}\frac{1}{r_{i,j}} - \sum_A \frac{\hbar^2}{2m_A}\nabla_A^2 + \frac{e^2}{4\pi\varepsilon_0}\sum_{A>B}\frac{Z_A Z_B}{R_{A,B}} \tag{3.1}$$

等号右边分别为电子的动能、电子与原子核之间的位能、电子间的排斥位能、原子核的动能，以及原子核之间的排斥位能。在波恩-奥本海默假设下可以忽略倒数第二项，而最后一项在固定原子核位置下是常数，通常以 V_{NN} 来代表。因此，只包含电子坐标的薛定谔方程可写成：

$$\begin{gathered}\hat{H}_{ele}\psi_{ele} = E_{ele}\psi_{ele} \\ E_{total} = E_{ele} + V_{NN}\end{gathered} \tag{3.2}$$

式中，$\hat{H}_{ele}$ 为式（3.1）中的前三项；E_{total} 又称为波恩-奥本海默能。

式（3.2）对一般化学分子而言还是太复杂，无法求得解析解，因此必须对薛定谔方程做一些简化或提出一些额外的假设来求得式（3.2）的近似解。

在高斯程序中，分子结构优化要经历的过程如下。首先，程序根据初始的分子模型，计算其能量和梯度；然后决定下一步的方向和步长，其方向总是向能量下降最快的方向进行；接着，根据各原子受力情况和位移大小判断是否收敛，如果没有达到收敛标准则更新几何结构，继续重复上面的过程，直到力和位移的变化均达到收敛标准，整个优化循环完成。

对体系能量的几点说明：

（1）能量的绝对值。

1）从头算能量的零点是所有核和电子相距无穷远，因此计算出的体系能量都是负值。

2）分子力学以标准的平衡位置为零点。

3）一般来讲能量的绝对值是没有讨论价值的。

（2）能量的比较。对于不同的体系，更准确地说，对于含有不同原子数的体系，能量的绝对值的比较是毫无意义的。分子模拟方法中比较的能量值必须是同一体系，在变化前后不能有原子个数、种类的变化。

势能面的获得主要有两种方法：一种是理论计算，可以部分借助光谱学、气体动力学和分子束散射等的实验数据得到势能面；另一种是经验性方法，是假设势能面采取某一解析形式，看它是否与标准势能面或者实验数据符合，然后再做一些参数调节。对于少数的体系，量化从头算可以给出很精确的结果；而对于大多数反应体系则必须借助于实验数据，用经验或者半经验的方法构造势能面。

其具体步骤如下：

1）确定要研究的反应体系，查找相关的文献，了解以前构建势能面的方法，如基组和活化空间，了解势能面的势垒、势阱、解离能、平衡构型等。

2）如果要构建非绝热势能面，则需要选择非绝热变换的方法，一般来讲，需要在量化计算输入文件中添加一些命令来实现。

理论模拟的第一步是构造一个精确可靠的势能面。

3.1.2.1 构建势能面的步骤

（1）选择合适的方法，确保势垒、势阱、放热（吸热）、平衡构型、解离能等尽可能与实验值符合，同时要考虑计算条件所能承受的能力。

（2）利用量化软件进行从头算计算。如果要构建非绝热势能面，则需要选择合适的方法进行非绝热变换，得到非绝热能量点。

（3）用插值或者拟合方法得到非绝热势能面以及非绝热耦合的解析形式。

3.1.2.2 拟合方法

借助从头算得到的一些分立几何构型的能量，选择合适的势函数，通过拟合的方法（最小二乘法）确定待定系数，进而计算任意几何构型的能量。

常用的拟合函数有 AP 函数、单隐层反馈神经网络函数等。这些拟合方法在三原子体系中运用得相当成功。但是对多原子体系，尤其当体系的自由度比较多时，给势能面的拟合造成很大的困难。需要借助插值的方法。常用的插值函数有拉格朗日、厄米特、三次样条、改进的 Shepard、泰勒展开、球谐函数、再生核希尔伯特插值函数和神经网络。

具体计算中的问题有：基组外推。根据能量收敛趋势的数学形式，通过较小基组的计算结果外推出较大基组下的结果，乃至完备基组下的结果。

量子化学计算中一个主要的误差来源是基组不够大，或者说距离完备基组极限差距较大。越大的基组计算耗时越多。对于一些性质，如能量、优化出的结构、偶极矩等，随着基组的增大计算结果会逐渐收敛。只要知道收敛趋势的数学形式，就可以通过较小基组的计算结果外推出较大基组下的结果，乃至完备基组下的结果。对于很高精度计算，例如，小体系高精度弱相互作用计算，外推到CBS已经成为司空见惯的做法。

基组外推的前提条件是所用的基组序列必须是以系统方式构建的。对于这样的基组序列，随着基组的增大，可以确保结果的误差逐步、平稳降低，有明确的收敛趋势。

3.1.3 收敛标准

当一阶导数为零的时候优化结束，但实际计算中，当变化很小，小于某个量的时候，就可以认为得到优化结构。对于高斯程序，默认条件是：

（1）力的最大值必须小于0.00045eV/nm；

（2）其均方差小于0.00030；

（3）为下一步所做的取代计算最大位移必须小于0.00018nm；

（4）其均方差小于0.0012。

只有同时满足这四个条件，才会在输出文件中看到四个“YES”，表明分子优化已经完成。

当一个优化任务成功结束后，最终构型的能量是在最后一次优化计算之前得到的。在得到最优构型之后在文件中寻找“-Stationtary point found.”，其下面的表格中列出的就是最后的优化结果以及分子坐标，随后列出分子相关性质。输出文件的末尾有一行“Normai termination of GAUSSIAN 03...”，说明计算正常结束。计算正常结束并不表示结果必然正确，但没有正常结束则结果肯定不正确。

3.2 休克尔分子轨道法

3.2.1 HMO方法的基本原理

休克尔分子轨道法是量子化学近似计算的方法之一，它以简便迅速著称，适宜于计算平面共轭分子中的π电子结构。在分析有机共轭分子的稳定性、化学反应活性和电子光谱，以及研究有机化合物结构与性能的关系等方面有着广泛应用。

该方法主要运用了下列基本假定：

（1）σ-π分离近似。对于共轭分子，构成分子骨架的σ电子与构成共轭体系的π电子由于对称性的不同，可以近似地看成互相独立的。

（2）独立π电子近似。分子中的电子由于存在相互作用，运动不是独立的，但若将其他电子对某电子的作用加以平均，近似地看成是在核和其他电子形成的固定力场上运动，则该电子的运动就与其他电子的位置无关，是独立的。

（3）LCAO-MO近似。对于π体系，可将每个π分子轨道ψ_k看成是由各原子提供的垂直于共轭体系平面的 p 原子轨道 φ_i 线性组合构成的，即：

$$\psi_k = \sum_i C_{ki}\varphi_i \tag{3.3}$$

在上述假定下，可列出 π 体系单电子薛定谔方程：

$$\hat{H}_\pi \psi_k = E_\kappa \psi_k \tag{3.4}$$

将式（3.3）代入式（3.4），利用变分原理，可得久期方程式：

$$\begin{gathered}(H_{11} - ES_{11})C_1 + (H_{12} - ES_{12})C_2 + \cdots + (H_{1n} - ES_{1n})C_n = 0\\(H_{21} - ES_{21})C_1 + (H_{22} - ES_{22})C_2 + \cdots + (H_{2n} - ES_{2n})C_n = 0\\\vdots\\(H_{n1} - ES_{n1})C_1 + (H_{n2} - ES_{n2})C_2 + \cdots + (H_{nn} - ES_{nn})C_n = 0\end{gathered}$$

此方程组有非零解的充分条件：

$$\begin{vmatrix} H_{11} - ES_{11} & H_{12} - ES_{1n} & \cdots & H_{1n} - ES_{1n} \\ H_{21} - ES_{21} & H_{22} - ES_{22} & \cdots & H_{2n} - ES_{2n} \\ \vdots & \vdots & & \vdots \\ H_{n1} - ES_{n1} & H_{n2} - ES_{n2} & \cdots & H_{nn} - ES_{nn} \end{vmatrix} = 0$$

此行列式亦称为久期行列式。式中 $H_{ij} = \int \varphi_i \hat{H}_n \varphi_j d_\tau$，$S_{ij} = \int \varphi_i \varphi_j d_\tau$。

在休克尔分子轨道理论中所做的近似如下。

库仑积分：

$$H_{ij} = \int \varphi_i \hat{H}_n \varphi_j d_\tau = \alpha \begin{cases} \alpha_c = 0，对碳原子 \\ \alpha_x = \alpha_c + \delta_x \beta_{c-l}，对杂原子 \end{cases} \tag{3.5}$$

共振积分：

$$H_{ij} = \int \varphi_i \hat{H}_n \varphi_j d_\tau = \beta \left.\begin{cases} \beta_{c-c} = 0，碳—碳键 \\ \beta_{c-x} = \eta_x \beta_{c-c}，碳—杂键 \end{cases}\right\} i = j \pm 1 \tag{3.6}$$

重叠积分：

$$S_{ij} = \int \varphi_i \varphi_j d_\tau = \begin{cases} 1，i = j \\ 0，i \neq j \end{cases}$$

式中，α_c、β_{c-c} 分别为碳原子库仑积分和 C—C 键的共振积分；α_x、δ_x 分别为杂原子库仑积分与库仑积分参数；β_{c-x}、η_x 分别为碳原子与杂原子间的共振积分和共振积分参数（β 积分为负值）。

代入简化行列式方程（3.6），解此方程可得 n 个分子轨道的能量值 E_k（本程序中当反键前沿轨道与它后一轨道的能级差的绝对值小于或等于 0.1 时，实行轨道简并），将其分别代入式（3.5），得出相应的 $\{C_{ki}\}$ 值，再按式（3.3）得出分子轨道。

由系数 $\{C_{ki}\}$ 可求得一系列量子化学指数。

（1）键级 P_{ij}：

$$P_{ij} = \sum_{k=1}^{\mathrm{occ}} n_k C_{ki} C_{kj} \tag{3.7}$$

式中，n_k 为第 k 个分子轨道上的电子数；occ 表示占有轨道数目。

（2）电荷密度 q_i：

$$q_i = \sum_{k=1}^{\mathrm{occ}} \eta_k C_{ki}{}^2 \tag{3.8}$$

式中，q_i 表示第 i 个原子上总 π 电子密度值。

（3）净电荷 q_i^{N}：

$$q_i^{\mathrm{N}} = K_i - q_i \tag{3.9}$$

式中，q_i^{N} 为净电荷；K_i 为第 i 个原子提供 π 电子数。

（4）自由价 F_i：

$$F_i = N_{\max} - \sum_j P_{ij} \tag{3.10}$$

式中，$\sum_j P_{ij}$ 为原子 i 与其邻接的所有原子间 π 键键级之和；$N_{\max}$ 是 i 原子所有 π 键键级和中最大者，采用经验值，根据鲍林电负性大小，取碳、硫、磷、溴的 $N_{\max} = \sqrt{3}$，氮、氯的 $N_{\max} = \sqrt{2}$，氧、氟的 $N_{\max} = 1$。

（5）总 π 电子能量 E_π：

$$E_\pi = \sum_{k=1}^{\mathrm{occ}} n_k E_k \tag{3.11}$$

3.2.2 HMO 程序的结构

HMO 程序由三部分组成：

第一部分通过人机会话输入分子结构中共轭原子数和连接次序的拓扑信息，以及积分参数 α_x、η_x，自动建立休克尔矩阵。

第二部分用豪斯霍尔德变换把休克尔矩阵化为三对角矩阵，并用 QL 法解出特征值（分子轨道能级）和特征向量（即分子轨道系数）。

第三部分根据需要打印出计算结果：波函数、键级、能级、电荷密度、净电荷、自由价、总 π 电子能量等。

3.3 HF 方法

3.3.1 薛定谔方程及一些基本近似

为了后面方便介绍各种具体在自洽场分子轨道（SCF-MO）方法，这里主要阐明用于本书量子化学计算的一些重要的基本近似，给出 SCF-MO 方法的一些基本方程，并对这些方程作简略说明，在大量的文献和教材中对这些方程已有系统的推导和阐述。

确定任何一个分子的可能稳定状态的电子结构和性质，在非相对论近似下，须求解定态薛定谔方程：

$$\left[-\sum_{A}\frac{1}{2M_A}\nabla_A^2-\sum_{p}\frac{1}{2}\nabla_p^2+\frac{1}{2}\sum_{A\neq B}\frac{Z_AZ_B}{R_{AB}}+\frac{1}{2}\sum_{p\neq q}\frac{1}{r_{pq}}-\sum_{A}\sum_{p}\frac{Z_A}{R_{pA}}\right]\psi'=E_T\psi' \tag{3.12}$$

式中，分子波函数依赖于电子和原子核的坐标，哈密顿算符包含了电子 p 的动能和电子 p 与 q 的静电排斥算符：

$$\hat{H}^{e}=-\frac{1}{2}\sum_{p}\nabla_p^2+\frac{1}{2}\sum_{p\neq q}\frac{1}{r_{pq}} \tag{3.13}$$

以及原子核的动能：

$$\hat{H}^{N}=-\frac{1}{2}\sum_{A}\frac{1}{M_A}\nabla_A^2 \tag{3.14}$$

和电子与核的相互作用及核排斥能：

$$\hat{H}^{eN}=-\sum_{A,\ p}\frac{Z_A}{r_{pA}}+\frac{1}{2}\sum_{A\neq B}\frac{Z_AZ_B}{R_{AB}} \tag{3.15}$$

式中，Z_A 和 M_A 是原子核 A 的电荷和质量，$r_{pq}=|r_p-r_q|$，$r_{pA}=|r_p-r_A|$ 和 $r_{AB}=|r_A-r_B|$ 分别是电子 p 和 q 、核 A 和电子 p 及核 A 和 B 间的距离（均以原子单位表示之）。

上述分子坐标系如图 3.2 所示。可以用 $V(R,\ r)$ 代表式（3.13）~式（3.15）中所有位能项之和。

$$V(R,\ r)=\frac{1}{2}\sum_{A\neq B}\frac{Z_AZ_B}{R_{AB}}+\frac{1}{2}\sum_{p\neq q}\frac{1}{r_{pq}}-\sum_{A,\ p}\frac{Z_A}{r_{pA}} \tag{3.16}$$

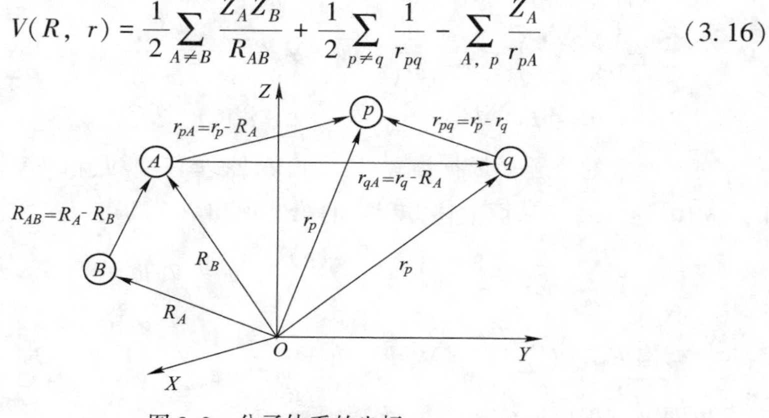

图 3.2 分子体系的坐标

3.3.1.1 原子单位

上述薛定谔方程和哈密顿算符是以原子单位表示的，这样表示的优点在于可简化书写形式和避免不必要的常数重复计算。在原子单位的表示中，长度的原子单位是 Bohr。

半径：

$$a_0 = \frac{h^2}{4\pi^2 m_e e^2} = 0.052917725\text{nm}$$

能量是以哈特利为单位，它定义为相距 1Bohr 的两个电子间的库仑排斥作用能：

$$1\text{Hartree} = \frac{e^2}{a_0}$$

质量则以电子制单位表示之，即定义 $m_e = 1$。

3.3.1.2 波恩-奥本海默近似

可以把分子的薛定谔方程（3.12）改写为如下形式：

$$\left[-\sum_A \frac{1}{2M_A}\nabla_A^2 - \sum_p \frac{1}{2}\nabla_p^2 + V(R, r)\right]\psi' = E_T\psi' \tag{3.17}$$

由于组成分子的原子核质量比电子质量大 $10^3 \sim 10^5$ 倍，因而分子中电子运动的速度比原子核快得多，核运动平均速度比电子小 1000 倍，从而在求解电子运动问题时允许把电子运动独立于核运动，即认为原子核的运动不影响电子状态。这就是求解式（3.12）的第一个近似，被称作波恩-奥本海默近似或绝热近似。假定分子的波函数 ψ' 可以确定为电子运动和核运动波函数的乘积：

$$\psi'(R, r) = \psi(R, r)\Phi(r) \tag{3.18}$$

式中，$\psi(R)$ 只与核坐标有关。

代入方程（3.13）有：

$$-\sum_A \frac{1}{2M_A}\psi\nabla_A^2\Phi - \sum_A \frac{1}{M_A}\nabla_A\psi\cdot\nabla_A\Phi - \sum_A \frac{1}{2M_A}\Phi\nabla_A^2\psi - \sum_p \frac{1}{2}\Phi\nabla_p^2\psi +$$
$$V(R, r)\psi\Phi = E_T\psi\Phi$$

对于通常的分子，依据波恩-奥本海默原理有 $\nabla_A\Psi$ 和 $\psi\nabla_A^2\Psi$ 都很小，同时 $M_A \approx 10^3 \sim 10^5$，从而上述方程中的第二项和第三项可以略去，于是：

$$-\sum_A \frac{1}{2M_A}\psi\nabla_A^2\Phi - \Phi\left[\sum_p \frac{1}{2}\nabla_p^2\psi + V(R, r)\right]\psi = E_T\psi\Phi$$

因此，得出 $E_T + \left(\sum_A \frac{1}{2M_A}\nabla_A^2\Phi\right)/\Phi + \left[\sum_p \frac{1}{2}\nabla_p^2 + V(R, r)\right]\psi/\psi = E(R)$。

也即该方程可以分离变量而成为两个方程：

$$-\sum_{p}\frac{1}{2}\nabla_{p}^{2}\psi+V(R,\ r)\psi=E(R)\psi \tag{3.19}$$

$$-\sum_{A}\frac{1}{2M_{A}}\nabla_{p}^{2}\Phi+E(R)\Phi=E_{T}\Phi \tag{3.20}$$

方程（3.19）为在某种固定核位置时电子体系运动方程，而方程（3.19）是核的运动方程。$E(R)$ 为固定核时体系的电子能量，但在核运动方程中它又是核运动的位能。此时，分子总能量用 E_T 表示。

因此，在波恩-奥本海默近似下，分子体系波函数为两个波函数的乘积式(3.18)。分子中电子运动波函数 $\phi(R)$ 分别由式（3.19）和式（3.20）确定。电子能量 $E(R)$ 为分子的核坐标的函数，从式（3.20）可以看出它又是核运动的位能。在空间画出 $E(R)$ 随 R 的变化关系称为位能图。

3.3.1.3 单电子近似

利用波恩-奥本海默绝热近似很容易把包含原子核和电子的多粒子问题转化为多电子问题。求解多电子问题的困难在于电子与电子之间的库仑相互作用项。如果不考虑电子之间的相互作用，则容易得到相互独立的单电子近似哈密顿算符。为了把多电子问题简化成单电子问题，如果把其他电子对所考虑电子的瞬时作用平均化和球对称化，则：

$$V_{i}(r_{i})=\sum_{i'(i'\neq i)}\int \mathrm{d}_{r_{i'}}\frac{|\psi_{i'}(r_{i'})|^{2}}{|r_{i'}-r_{r}|} \tag{3.21}$$

这样就可以把多电子问题转变成单电子问题。这时，整个系统的波函数就是每个电子波函数 $\psi_i(r_i)$ 的乘积。单电子波函数应该满足单电子的哈特利方程：

$$H_{i}=-\frac{\hbar^{2}}{2m_{e}}\nabla^{2}+V(r_{i})+\sum_{i'(i'\neq i)}\int \mathrm{d}_{r_{i'}}\frac{|\psi_{i'}(r_{i'})|^{2}}{|r_{i'}-r_{r}|} \tag{3.22}$$

式中，$V(r_i)$ 是该电子所受到的核的作用势。

哈特利方程描述了每个坐标 r 处单电子在核作用势和其他电子的平均势中的运动，E 是单电子的能量，简化后就可以从假设的一组 $\psi_i(r_i)$ 出发，求解波函数时引入自洽场方法，则整个系统的能量为：

$$E=\langle\psi|H|\psi\rangle=\sum_{i}\langle\psi_{i}(r)|H|\psi_{i}(r)\rangle=\sum_{i}E_{i} \tag{3.23}$$

式（3.23）并没有考虑到波函数是电子交换反对称的，于是需要考虑泡利不相容原理，即把波函数写成斯莱特行列式。此时体系的总能要增加一个由电子交换引起的交换项，体系的总能可改写成：

$$E = \langle \Psi \mid H \mid \Psi \rangle = \sum_i \int \mathrm{d}r_i \Psi_i^*(r_i) H_i \Psi_i(r_i) - \frac{1}{2}\sum_{i,\ i'} \int \mathrm{d}r_i \mathrm{d}r_{i'} \frac{\Psi_i^*(r_i)\Psi_i(r_{i'})\Psi_{i'}^*(r_{i'})\Psi_{i'}(r_i)}{|r_i - t_{i'}|} \tag{3.24}$$

对应的单电子方程为哈特利-福克方程：

$$\left[-\frac{\hbar^2}{2m}\nabla^2 + V(r_i)\right]\Psi_i(r_i) + \sum_{i'(i' \neq i)} \int \mathrm{d}_{r_{i'}} \frac{|\psi_{i'}(r_{i'})|^2}{|r_{i'} - r_r|}\Psi_i(r_i) - \sum_{i'(i' \neq i)} \int \mathrm{d}r_{i'} \frac{\Psi_i^{*\prime}(r_{i'})\Psi_i(r_{i'})}{|r_i - r_{i'}|}\Psi_{i'}(r_i) = \sum_{i'} \lambda_{ii'}\Psi_{i'}(r_i) \tag{3.25}$$

式中，Ψ_1，…，Ψ_n 为填满之正交分子轨域。

假设在多电子分子中电子还是可以看成在分子轨域中独立运动，而任一个电子所受的有效位能为分子内所有的原子核以及其他电子的平均库仑作用力，则近似波函数可写成所有自旋轨域的乘积；但电子是无法区分的基本粒子，而且泡利定律要求电子的波函数在经过任两个粒子坐标对调后必须变号，因此一种最简单且具有一般性的作法就是将波函数写成一个如式（3.31）的斯莱特行列式。基本上就是将波函数写成各种自旋轨域乘积的线性组合，$2n$ 个电子在不同的轨域中可有任意的排列，因此共有（$2n$）！项。

体系的电子与核运动分离后，计算分子的电子波函数 ψ 可归结为求解下面的方程：

$$\left[-\sum_p \frac{1}{2}\nabla_p^2 + \frac{1}{2}\sum_{p \neq q}\frac{1}{r_{pq}} - \sum_{A,\ p}\frac{Z_A}{r_{pA}}\right]\psi = E\psi \tag{3.26}$$

式（3.26）是量子化学的基本方程，目前已有多种求解这个方程的方法。这些方法的区别首先是构成 ψ 的方式及其相应的近似。

最常用的是哈特利建议的单电子近似。在多电子体系中，所有电子是相互作用的，其中任意电子运动依赖于其他电子的运动。哈特利建议把所有电子对于每个个别电子运动的影响代换成某种有效场的作用。于是每个电子在核电荷及其余电子有效场产生的势场中运动仅依赖于电子坐标。

从而，电子运动分开了。对于多电子体系中每个电子可以引入单电子波函数，这种单电子波函数是式（3.26）单电子薛定谔方程的解，其中含有算符 $1/r_{pq}$ 项，用只依赖于所研究电子坐标的有效场代替。整个多电子体系波函数等于所有电子的单电子波函数（轨道）乘积。

电子还具有自旋角动量 S，其分量 S_x、S_y 和 S_z 满足普通角动量算符的对易关系。算符 S^2 和 S_z 完全给定了电子的自旋，电子自旋波函数 $\eta(\xi)$ 满足方程：

$$\hat{S}^2\eta(\xi)=S(S+1)\eta(\xi) \tag{3.27}$$

$$\hat{S}_z\eta(\xi)=m_z\eta(\xi)$$

式中，ξ 是自旋坐标，通常把对应于自旋 1/2 的波函数记为 $\alpha(\xi)$，而把自旋 $m_s=-\frac{1}{2}$ 波函数记作 $\beta(\xi)$。

在非相对论近似下和不存在外磁场时，电子的自旋和空间坐标无关，因此电子的自旋轨道可取成：

$$\psi'(x,\ y,\ z,\ \xi)=\psi(x,\ y,\ z)\eta(\xi) \tag{3.28}$$

考虑到自旋变量的多电子波函数由自旋轨道组成，它应当是体系总自旋 S^2 及其 S_z 的本征函数：

$$\hat{S}^2\psi=S(S+1)\psi \tag{3.29}$$

$$\hat{S}_z\psi=M_S\psi \tag{3.30}$$

构成体系多电子波函数 Ψ 时，必须考虑 Ψ 相对于任一对电子交换的反对称性要求，即所谓泡利原理，因此，一般不是求出哈特利方法的简单乘积型波函数 ψ，而是求出对应于按自旋轨道电子的所有可能置换方式的斯莱特行列式波函数，此为哈特利-福克方法。对于置于 $n=N/2$ 轨道的 Ψ 上的 N 电子闭壳层体系，单电子近似下波函数 Ψ 为：

$$\Psi=\frac{1}{\sqrt{N!}}\begin{vmatrix}\psi_1(1)\alpha(1)\psi_1(1)\beta(1) & \cdots & \psi_n(1)\alpha(1)\psi_n(1)\beta(1)\\ \psi_1(2)\alpha(2)\psi_1(2)\beta(2) & \cdots & \psi_n(2)\alpha(2)\psi_n(2)\beta(2)\\ \vdots & \ddots & \vdots\\ \psi_1(N)\alpha(N)\psi_1(N)\beta(N) & \cdots & \psi_n(N)\alpha(N)\psi_n(N)\beta(N)\end{vmatrix} \tag{3.31}$$

该式的斯莱特行列式是保证反对称性要求的唯一函数。

引入单电子近似便确定了波函数 Ψ 的形式，用它可以求解方程（3.26）。显然在一般的情况下，Ψ 应当包含式（3.31）型行列式的线性组合，同时满足式（3.29）、式（3.30）的限制。若式（3.28）中自旋部分是单电子自旋投影算符 S_z 的本征值，则式（3.30）就满足。当分子的 n 个轨道每个均为自旋反平行电子对占据时（闭电子壳层），一个行列式波函数（3.31）就已满足式（3.29）和式（3.30）。对于含有未配对的电子体系，这是做不到的，此时体系波函数是对应于各种轨道填充方式（不同组态）的斯莱特行列式 ψ_l 的线性组合：

$$\Psi=\sum_l a_l\psi_l \tag{3.32}$$

当适当选择行列式前系数 a_l 时，条件式（3.29）和波函数的反对称性要求均可以满足。

由于存在着电子运动的相关，不明显处理式（3.26）中 $1/r_{pq}$ 项的单电子近似，完全忽略了这种相关效应，所以哈特利-福克单电子近似使波函数的计算产生了误差。

3.3.1.4 变分原理

上述单电子近似只是给出了所求解体系多电子波函数的一种形式，变分法提供了求解方程（3.26）的另一种方法。

薛定谔方程（3.26）的解对应于稳定态能量。因此，若波函数 Ψ 是式（3.26）的解，那么对于任意微小变化 $\delta\psi$，取能量平均值，有：

$$E = \langle \Psi | \hat{H} | \Psi \rangle = \int \Psi^* \hat{H} \Psi \mathrm{d}\tau \tag{3.33}$$

E 的变分应等于零，即：

$$\delta E = \delta \langle \Psi | \hat{H} | \Psi \rangle = 0 \tag{3.34}$$

式（3.33）中积分是对 Ψ 的所有变量进行的，并且已假定 Ψ 是归一化的，即：

$$\int \Psi^* \hat{H} \Psi \mathrm{d}\tau = 1 \tag{3.35}$$

由于对应于体系基态的波函数总能量应当是极小值。因此，对单电子轨道施行变分就可以给出这种形式波函数，能量是极小值并满足式（3.34），从而求得的波函数 Ψ 就是多电子体系基态薛定谔方程所欲求的解。

显然，为了施行变分，波函数 Ψ 的形式应当充分好。两种途径可以保证这一点：（1）取展开式（3.32）是从充分多项且固定轨道 Ψ 只对系数 a_l 变分；（2）局限于尽可能少的行列式 ψ_l，若有可能做到就取一个，但此时把每个 Ψ 表示成可能的简单形式。鉴于这种选择，区分出两类广泛应用的量子化学方法，价键（VB）法和分子轨道法（MO）。

在价键法中，用孤立原子的原子轨道（AO）作为单电子波函数 ψ 构成斯莱特行列式 ψ_l。原子轨道的不同选择对应于不同的行列式 ψ_l。对于式（3.32）施行变分，可得到确定系数 a_l 的方程。为了充分靠近体系的能量，必须在式（3.32）中选用足够多的项，即用多行列式波函数进行运算。用原子轨道线性组合分子轨道（LCAO-MO）法提供了另外一种选择相应于体系能量极小的多电子波函数方法。此时，对应于分子中单电子态的分子轨道 ψ_i 写成原子轨道 φ_μ（基函数 AO）的线性组合：

$$\psi_i = \sum_{\mu=1}^{m} c_{\mu i} \varphi_\mu \tag{3.36}$$

实际上，这种展开有完全合理的基础。因为靠近某个原子的电子所受的作用基本上是由该原子产生的场引起的，所以该区域中电子波函数应当近于原子轨道。展开该式对求解变分问题的优点是明显的。

如果式（3.32）中选用极大数目的项，那么 VB 法和 MO 法就都给出同样的能量 E 和波函数 ψ，当然表达式不完全相同。这种唯一性的原因很简单，因为使用 LCAO-MO 的每个行列式均可以展开为 AO 组成的一些行列式。在一般情况下，每个 MO 组成的行列式应展开成 AO 组成的所有行列式。因为波函数 ψ 应通过 AO 组成的行列式完全集合表达，从而，当使用完全集合时，MO 法与 VB 法所描述的 ψ 等价。当然，不用完全集合表达时，两种方法的等价性就破坏了。在极端情况下，某种方法中可以取一个行列式，此时可以直接看到 MO 法的优越性。

对于 MO 法，允许采用单行列式表达 ψ（至少对于闭壳层体系），进而通常由一些正交分子轨道组成行列式：

$$\int \varphi_i^* \hat{H} \varphi_j \mathrm{d}\tau = \delta_{ij} \tag{3.37}$$

式中，δ_{ij} 是克罗内克符号。

该法使计算大为简化，并能比 VB 法更简单地确定式（3.36）的方程系数。同时，MO 法的基本方程能很好地适应现代电子计算机的能力。由于这个原因，现代的 MO 方法已经成为最常用的计算多电子分子的电子结构的基本方法。

3.3.2 闭壳层体系的哈特利-福克-罗特汉方程

在分子轨道范围内，对闭壳层体系，在单电子近似下，用两个自旋反平行电子填充每个分子轨道 ψ，可以构成一个斯莱特行列式（3.31）型波函数，选择轨道（3.28）的自旋部分满足式（3.27），则保证了式（3.30）条件。

根据变分原理，若轨道 ψ 使得分子能量式（3.33）取极小值，可求出所研究多电子体系方程（3.26）的解。将波函数式（3.31）代入式（3.33），并进行一些推导，可得闭壳层分子的电子能量表达式：

$$E = 2\sum_i H_{ii} + \sum_{ij}^{n} (2J_{ij} - K_{ij}) \tag{3.38}$$

式中，H_{ii} 是对应于分子轨道 φ_i 的核实哈密顿量 $\hat{H}_{\mathrm{core}}(1)$ 的单电子矩阵元。

$$H_{ii} = \int \phi_i^*(1) \hat{H}^{\mathrm{core}} \phi_i(1) \mathrm{d}\tau \tag{3.39}$$

$$E_{\mathrm{slater}} = \int \Psi_{\mathrm{slater}}^* \hat{H}_{\mathrm{ele}} \Psi_{\mathrm{slater}} \mathrm{d}\tau = 2\sum_{i=1}^{n} H_{ii}^{\mathrm{core}} + \sum_{i=1}^{n}\sum_{j=1}^{n} (2J_{ij} - K_{ij})$$

而 $\hat{H}_{\mathrm{core}}$ 包含电子动能算符和分子中原子核对电子的吸引能算符：

$$\begin{aligned} \hat{H}_{\mathrm{core}}(1) &= \hat{T} + \hat{V} = -\frac{1}{2}\nabla^2(1) - \sum_A \frac{Z_A}{r_{1A}} \\ &= \int \varphi_i(1)^* \left(-\frac{\hbar^2}{2m_e}\nabla_1^2 - \sum_A \frac{Z_A}{4\pi\varepsilon_0 r_{1,A}} \right) \varphi_i(1) \mathrm{d}\tau_1 \end{aligned} \tag{3.40}$$

下面两式分别表示库仑积分 J_{ij} 和交换积分 K_{ij}：

$$J_{ij} = \iint \varphi_i^*(1)\varphi_j^*(2)\frac{1}{r_{12}}\varphi_i(1)\varphi_j(2)\mathrm{d}\tau_1\mathrm{d}\tau_2$$

$$= \int \varphi_i(1)^*\varphi_j(2)^*\left(\frac{e^2}{4\pi\varepsilon_0 r_{12}}\right)\varphi_i(1)\varphi_j(2)\mathrm{d}\tau_1\mathrm{d}\tau_2 \qquad (3.41)$$

$$K_{ij} = \iint \varphi_i^*(1)\varphi_j^*(2)\frac{1}{r^2}\varphi_j(1)\varphi_i(2)\mathrm{d}\tau_1\mathrm{d}\tau_2$$

$$= \int \varphi_i(1)^*\varphi_j(2)^*\left(\frac{e^2}{4\pi\varepsilon_0 r_{12}}\right)\varphi_j(1)\varphi_i(2)\mathrm{d}\tau_1\mathrm{d}\tau_2 \qquad (3.42)$$

式中，$\hat{H}_{\mathrm{core}}$ 代表个别电子的动能以及它与所有原子核间的作用力，如果电子间没有作用力，则式（3.39）中的 $\hat{H}_{\mathrm{core}}$ 项就是电子的总能量；r_{1A} 代表电子与原子核 A 间的距离。

式（3.39）、式（3.41）中的 J 代表在两个分子轨域间的传统电子-电子库仑作用力，也称为库仑积分或库仑能量。式（3.39）、式（3.42）中的 K 虽然类似 J 但并没有古典力学的相对值，它的来源是泡利定律中要求波函数必须为反对称的，K 也称为交换积分或交换能量，这是一种纯粹的量子效应，交换能量通常在化学键结中扮演关键角色，r_{12} 代表两个电子间的距离，积分取遍电子 1 和 2 的全部空间坐标。

从式（3.39）~式（3.42）可以看出式（3.38）中各项的物理意义。显然，单电子积分 H_{ii} 表示在核势场中分子轨道上电子能量，由于每个 φ_i 轨道上占据两个电子，所以乘以 2。双电子库仑积分 J_{ij} 表示 φ_i 和 φ_j 轨道上两个电子间平均排斥作用。由于波函数的反对称性要求出现了交换积分 K_{ij}（在哈特利方法中不考虑它），减小了不同轨道 φ_i 和 φ_j 上平行自旋电子间的相互作用，正是它们描写了相同自旋电子运动的交换相关。然而，在哈特利-福克方法中，还是没有考虑反平行自旋电子间库仑排斥引起的电子相关效应。

为了求解 ψ 的最优近似，必须选择一定形式的分子轨道 φ_i 使总能量最小。这些分子轨道相互正交，在 LCAO 近似下表示原子轨道 φ_μ 的展开式（3.36）。罗特汉最先解决了这一问题。关于 ψ_i 对 AO 基展开系数的方程称为哈特利-福克-罗特汉方程（简记为 HFR 方程）。下面简要推导这个方程。

首先，重写 ψ_i 的 LCAO 展开式：

$$\psi_i = \sum_\mu c_{\mu i}\varphi_\mu$$

由分子轨道正交归一化条件给出对 MO 系数的附加限制：

$$\sum_{\mu\nu} c_{\mu i}^* c_{\nu j} S_{\mu\nu} = \delta_{ij} \qquad (3.43)$$

式中，$S_{\mu\nu}$ 是原子轨道 φ_μ 和 φ_ν 间的重叠积分：

$$S_{\mu\nu} = \int \varphi_\mu^* \varphi_\nu \mathrm{d}\tau \tag{3.44}$$

用 AO 基写出式（3.40）~式（3.42）：

$$H_{ii} = \sum_{\mu\nu} c_{\mu i}^* c_{\nu i} H_{\mu\nu} \tag{3.45}$$

$$J_{ij} = \sum_{\mu\nu\lambda\sigma} c_{\mu i}^* c_{\nu i}^* c_{\lambda j} c_{\sigma j} \langle \mu\nu \mid \lambda\sigma \rangle \tag{3.46}$$

$$K_{ij} = \sum_{\mu\nu\lambda\sigma} c_{\mu i}^* c_{\nu i}^* c_{\lambda j} c_{\sigma j} \langle \mu\sigma \mid \lambda\nu \rangle \tag{3.47}$$

式中，$H_{\mu\nu}$ 是核实哈密顿量相对原子轨道 φ_μ 和 φ_ν 的矩阵元。

双电子相互作用积分 $\langle \mu\nu \mid \lambda\sigma \rangle$ 表达式为：

$$\langle \mu\nu \mid \lambda\sigma \rangle = \iint \varphi_\mu^*(1) \varphi_\nu(2) \frac{1}{r_{12}} \varphi_\lambda^*(1) \varphi_\sigma(2) \mathrm{d}\tau_1 \mathrm{d}\tau_2 \tag{3.48}$$

它表示电子云分布 $\varphi_\mu\varphi_\nu$ 和 $\varphi_\lambda\varphi_\sigma$ 间的相互作用。从而能量 E 的表达式（3.38）变为：

$$E = 2\sum_i^{\text{occ}} \sum_{\mu\nu} c_{\mu i}^* c_{\nu i} H_{\mu\nu} + \sum_{ij} \Big[2\sum_{\mu\nu\lambda\sigma} c_{\mu i}^* c_{\nu i} c_{\lambda j}^* c_{\sigma j} \langle \eta\nu \mid \lambda\sigma \rangle - \sum_{\mu\nu\lambda\sigma} c_{\mu i}^* c_{\nu i} c_{\lambda j}^* c_{\sigma j} \langle \eta\sigma \mid \lambda\nu \rangle \Big] \tag{3.49}$$

引入原子轨道基的电子密度矩阵元：

$$P_{\eta\nu} = 2\sum_i^{\text{occ}} c_{\mu i}^* c_{\nu i} \tag{3.50}$$

上式化为：

$$E = \sum_{\mu\nu} P_{\mu\nu} H_{\mu\nu} + \frac{1}{2} \sum_{\mu\nu\lambda\sigma} P_{\mu\nu} P_{\lambda\sigma} \Big[\langle \mu\nu \mid \lambda\sigma \rangle - \frac{1}{2} \langle \mu\sigma \mid \lambda\nu \rangle \Big] \tag{3.51}$$

或者令：

$$R_{\mu\nu} = \frac{1}{2} P_{\mu\nu} \tag{3.52}$$

则可以用矩阵形式写为：

$$\boldsymbol{E} = 2\boldsymbol{S}_P \boldsymbol{R}\boldsymbol{H} + \boldsymbol{S}_P \boldsymbol{R}\boldsymbol{G} \tag{3.53}$$

式中，电子相互作用矩阵 $\boldsymbol{G}$ 定义为：

$$\boldsymbol{G} = \boldsymbol{J}(2\boldsymbol{R}) - \boldsymbol{K}(\boldsymbol{R}) \tag{3.54}$$

矩阵 $\boldsymbol{J}(\boldsymbol{R})$ 描写库仑相互作用，而 $\boldsymbol{K}(\boldsymbol{R})$ 描写电子交换相互作用，其矩阵元分别为：

$$[J(2R)]_{\mu\nu} = \sum_{\lambda\sigma} R_{\lambda\sigma} \langle \mu\nu \mid \lambda\sigma \rangle \tag{3.55}$$

$$[K(R)]_{\mu\nu} = \sum_{\lambda\sigma} R_{\lambda\sigma} \langle \mu\sigma \mid \lambda\nu \rangle \tag{3.56}$$

作用于两个矩阵的运算 S_P 是指把此两个矩阵所响应矩阵元的乘积求和。

在 LCAO 分子轨道法中，通常假定基原子轨道是固定的，而形式不变，因此对分子轨道变分归结为对展开系数 $c_{\mu i}$ 的变分：

$$\delta\psi_i = \sum_{\mu} (\delta c_{\mu i})\varphi_\mu \tag{3.57}$$

应当指出，式（3.57）中的 φ_μ 不变性在原则上是不必要的，已有把 φ_μ 看成可变的一类计算方法，然而是极其困难和复杂的，常用的 MO 法一般不做这类计算。

当对分子轨道变分时，借助拉格朗日乘法可以使能量极小化。这是极小化泛函：

$$\widetilde{G} = E - 2\sum_{ij}\sum_{\mu\nu} \varepsilon_{ij} c_{\mu i}^{*} c_{\nu j} S_{\mu\nu}$$

即变化系数 $c_{\mu i}$，使稳定点 $\delta G=0$。其中 E 由方程（3.51）定义。取 G 的变分，则有：

$$\begin{aligned}\delta\widetilde{G} &= 2\sum_{i}\sum_{\mu\nu} \delta c_{\mu i}^{*} c_{\nu i} H_{\mu\nu} + \sum_{ij}\sum_{\mu\nu\lambda\sigma} (\delta c_{\mu i}^{*} c_{\lambda j} c_{\nu i} c_{\sigma j} + c_{\mu i}\delta c_{\lambda j}^{*} c_{\nu i} c_{\sigma j})[2\langle\mu\nu \mid \lambda\sigma\rangle - \\ &\quad \langle\mu\sigma \mid \lambda\nu\rangle] - 2\sum_{ij}\sum_{\mu\nu} \varepsilon_{ij}\delta c_{\mu i}^{*} c_{\nu j} S_{\mu\nu} + \text{共轭复数} \\ &= 2\sum_{i}\sum_{\mu} \delta c_{\mu i}^{*} \sum_{\nu} \{ c_{\nu i} H_{\mu\nu} + \sum_{j,\ \lambda\sigma} c_{\lambda j}^{*} c_{\sigma j} c_{\nu i} [\langle\mu\nu \mid \lambda\sigma\rangle - \\ &\quad \frac{1}{2}\langle\mu\sigma \mid \lambda\nu\rangle] - \sum_{j} \varepsilon_{ij} c_{\nu j} S_{\mu\nu}\} + \text{共轭复数} \\ &= 0\end{aligned} \tag{3.58}$$

由于 $\delta c_{\mu i}^{*}$ 的任意性，所以必须有：

$$\sum_{\nu} [H_{\mu\nu} + \sum_{\lambda\sigma} P_{\lambda\sigma}(\langle\mu\nu \mid \lambda\sigma\rangle - \frac{1}{2}\langle\mu\sigma \mid \lambda\nu\rangle)] - \sum_{j} \varepsilon_{ij} c_{\nu j} S_{\mu\nu} = 0 \tag{3.59}$$

因为分子轨道在酉变换下的确定性，可以自由选择非对角拉格朗日乘数为零。定义 Fock 矩阵元：

$$F_{\mu\nu} \equiv H_{\mu\nu} + \sum_{\lambda\sigma} P_{\lambda\sigma}(\langle\mu\nu \mid \lambda\sigma\rangle - \frac{1}{2}\langle\mu\sigma \mid \lambda\nu\rangle) \tag{3.60a}$$

或记为矩阵形式：

$$\boldsymbol{F} = \boldsymbol{H} + \boldsymbol{G} \tag{3.60b}$$

式中，$\boldsymbol{H}$ 为哈特利-福克矩阵的单电子部分，而 $\boldsymbol{G}$ 为双电子部分。

于是式（3.59）可以写为：

$$\sum_{\nu} (F_{\mu\nu} - \varepsilon_i S_{\mu\nu}) c_{\nu i} = 0 \tag{3.61a}$$

或记为矩阵形式：

$$FC = SCE \tag{3.61b}$$

此为 HFR 方程，其中 E 是哈特利-福克算符本征值组成的对角矩阵，S 是基原子轨道的重叠积分矩阵。解式（3.61a）或式（3.61b），就可给出按原子轨道展开的分子轨道系数和单电子分子轨道能量 ε_i。

然而，上述 HFR 方程是数学上广义特征值问题。为了求解方便，先借助于下述变换将它化成标准特征值问题。由于 S 是厄米特矩阵，可以用酉变换 θ 使其对角化，即：

$$\theta^{+}S\theta = D\begin{bmatrix} d_{11} & & & \\ & d_{22} & & \\ & & \ddots & \\ & & & d_{nn} \end{bmatrix} \tag{3.62}$$

从而可由其对角元平方根倒数构成矩阵 $S^{-\frac{1}{2}}$，同时 $S^{\frac{1}{2}}S^{-\frac{1}{2}}$ 和 $S^{-\frac{1}{2}}SS^{-\frac{1}{2}} = 1$ 成立。此时可做变换：

$$F^{\mathrm{T}} = S^{-\frac{1}{2}}FS^{-\frac{1}{2}} \tag{3.63}$$

$$C^{\mathrm{T}} = S^{\frac{1}{2}}C \tag{3.64}$$

则式（3.66）化成：

$$S^{\frac{1}{2}}F^{\mathrm{T}}S^{\frac{1}{2}}S^{-\frac{1}{2}}C^{\mathrm{T}} = SS^{-\frac{1}{2}}C^{\mathrm{T}}E$$

亦即：

$$F^{\mathrm{T}}C^{\mathrm{T}} = C^{\mathrm{T}}E \tag{3.65}$$

这是标准特征值问题，可以采用数学上标准的对角化方法处理。

显然这些方程都是系数 $c_{\mu i}$ 三次联立方程组，必须用迭代法求解：当 $F(0) = H$ 时，解上述方程（3.61a）或（2.44b）就得到 MO 系数的零级近似 $C(0)$。用 $C(0)$ 计算出 $F(1)$；再代入方程（3.61b）确定新的系数 $C(1)$，然后再计算 $F(2)$ 等。最后，当前后两次迭代所得系数 $C(n)$ 与 $C(n-1)$ 符合收敛精度时，迭代过程收敛。应用现代快速计算机易于实现这样的计算过程。

3.3.3 开壳层体系的非限制性哈特利-福克方法

对于含有奇数电子的分子，不可能把所有电子均成对地排布于相应的分子轨道之中，体系中将有未配对的电子。此时，电子体系处于开壳层状态。显然，当电子从闭壳层分子基态占据分子轨道跃迁到基态未占据的空轨道上去时，也会产生类似状态。

当描写开壳层体系时，波函数 Ψ 一般应由满足条件式（3.29）的一些斯莱特行列式线性组合式（3.32）构成。从而，计算方案将更加复杂。然而，对于开壳层体系对应于极大多重度的状态来说，可以保持波函数的单行列式表示。非限制哈特利-福克（UHF）方法是描写这类体系的可能方法之一。

UHF 方法的基本假定是，α 自旋电子所处的分子轨道不同于 β 电子。从而，与闭壳层体系不同，在 UHF 法中引入两组分子轨道：p 个 α 自旋电子置于分子轨道集合 ϕ_i^α 中，而 q 个 β 自旋电子置于分子轨道集合 ϕ_i^β 中。电子体系的波函数为：

$$\Psi_{\mathrm{UHF}} = \frac{1}{\sqrt{(p+q)!}}\det\{\phi_1^\alpha(1)\alpha(1)\varphi_1^\beta(2)\beta(2)\phi_2^\alpha(3)\alpha(3)\cdots \phi_q^\beta(2q)\beta(2q)\phi_{q+1}^\alpha(2q+1)\alpha(2q+1)\cdots\phi_{p+q}^\alpha(p+q)\alpha(p+q)\} \tag{3.66}$$

由于 α 自旋和 β 自旋电子占据不同的空间轨道，所以应用 Ψ_{UHF} 就在每种程度上考虑了不同自旋电子的相关效应。常用的还有另一种处理开壳层体系的限制型哈特利-福克（RHF）方法。两种不同方案的图像表示如图 3.3 所示。

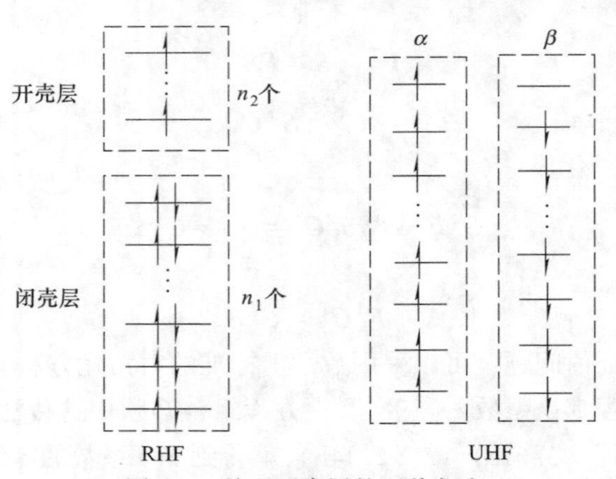

图 3.3　处理开壳层的两种方法

把式（3.66）代入式（3.33）中，可以求出 Ψ_{UHF} 描写的体系的能量表达式：

$$E = \sum_{i}^{p+q} H_{ii} + \frac{1}{2}\left(\sum_{ij}^{p+q} J_{ij} - \sum_{ij}^{p} K_{ij}^\alpha - \sum_{ij}^{\beta} K_{ij}^\beta\right) \tag{3.67}$$

式中，交换积分 K_{ij}^α 和 K_{ij}^β 分别用分子轨道 ϕ_i^α 和 ϕ_i^β 计算。当 $\phi^\alpha = \phi^\beta$ 和 $p = q$ 时，式（3.67）自动还原为式（3.38），而 Ψ_{UHF} 也就变为闭壳层体系的波函数式（3.31）。

如前所述，对于分子轨道 ϕ_i^α 和 ϕ_i^β 分别向原子轨道 ϕ_μ 做 LCAO 展开，有：

$$\begin{cases}\psi_i^\alpha = \sum_\mu c_{\mu i}^\alpha \phi_\mu,\ \text{或}\ \psi^\alpha = \phi c^\alpha \\ \psi_i^\beta = \sum_\mu c_{\mu i}^\beta \phi_\mu,\ \text{或}\ \psi^\beta = \phi c^\beta\end{cases} \tag{3.68}$$

此时，展开系数 c^α 不同于 c^β。ψ_i^α 和 ψ_i^β 各自满足正交归一化条件，因为它们不同的自旋因子保证了式（3.66）中的 ψ_i^α 和 ψ_i^β 的正交性。可以分别引入 α 自旋和 β 自旋电子的原子轨道密度矩阵元：

$$\begin{aligned}R_{\mu\nu}^\alpha &= \sum_i^p c_{\eta i}^{\alpha *} c_{\nu i}^\alpha \\ R_{\mu\nu}^\beta &= \sum_i^q c_{\eta i}^{\beta *} c_{\nu i}^\beta\end{aligned} \tag{3.69}$$

显然，总电子密度矩阵元等于两者的和，即：

$$P_{\eta\nu} = R_{\mu\nu}^\alpha + R_{\mu\nu}^\beta \tag{3.70}$$

而两者之差定义了自旋密度矩阵元：

$$\rho_{\mu\nu}^{\text{spin}} = R_{\mu\nu}^\alpha - R_{\mu\nu}^\beta \tag{3.71}$$

将 ψ_i^α 和 ψ_i^β 的展开式（3.68）代入式（3.67）积分表达式，可得到用原子基AO 表达的能量公式，并考虑到式（3.69），E 可以写为：

$$\begin{aligned}E = \sum_{\mu\nu} P_{\mu\nu} H_{\mu\nu} + \frac{1}{2}\sum_{\mu\nu\lambda\sigma}[P_{\mu\nu}P_{\lambda\sigma}\langle\mu\nu \mid \lambda\sigma\rangle - \\ (R_{\mu\nu}^\alpha R_{\lambda\sigma}^\alpha + R_{\mu\nu}^\beta R_{\lambda\sigma}^\beta)\langle\mu\sigma \mid \lambda\nu\rangle]\end{aligned} \tag{3.72}$$

相对于 $c_{\nu i}^\alpha$ 和 $c_{\nu i}^\beta$ 各自使用变分法极小化能量，如式（3.72），可导出联立的两套方程组，计算分轨道 ψ_i^α 和 ψ_i^β 的能量 ε_i^α 和 ε_i^β 及系数 $c_{\mu i}^\alpha$ 和 $c_{\mu i}^\beta$。

$$\begin{cases}\sum_\nu (F_{\mu\nu}^\alpha - \varepsilon_i^\alpha S_{\mu\nu}) c_{\nu i}^\alpha = 0 \\ \sum_\nu (F_{\mu\nu}^\beta - \varepsilon_i^\beta S_{\mu\nu}) c_{\nu i}^\beta = 0\end{cases} \tag{3.73}$$

式（3.73）中 α 自旋和 β 自旋电子的哈特利-福克算符矩阵元为：

$$\begin{aligned}F_{\mu\nu}^\alpha &= H_{\mu\nu} + \sum_{\lambda\sigma}[P_{\lambda\sigma}\langle\mu\nu \mid \lambda\sigma\rangle - R_{\lambda\sigma}^\alpha\langle\mu\sigma \mid \lambda\nu\rangle] \\ F_{\mu\nu}^\beta &= H_{\mu\nu} + \sum_{\lambda\sigma}[P_{\lambda\sigma}\langle\mu\nu \mid \lambda\sigma\rangle - R_{\lambda\sigma}^\beta\langle\mu\sigma \mid \lambda\nu\rangle]\end{aligned} \tag{3.74}$$

或者写成下列矩阵公式：

$$\begin{aligned}\boldsymbol{F}^\alpha &= \boldsymbol{H} + \boldsymbol{G}^\alpha = \boldsymbol{H} + \boldsymbol{J}(\boldsymbol{R}^\alpha) - \boldsymbol{K}(\boldsymbol{R}^\alpha) + \boldsymbol{J}(\boldsymbol{R}^\beta) \\ \boldsymbol{F}^\beta &= \boldsymbol{H} + \boldsymbol{G}^\beta = \boldsymbol{H} + \boldsymbol{J}(\boldsymbol{R}^\alpha) - \boldsymbol{K}(\boldsymbol{R}^\beta) + \boldsymbol{J}(\boldsymbol{R}^\beta)\end{aligned} \tag{3.75}$$

正如闭壳层情况一样，方程（3.73）也是系数 c^α 和 c^β 的三次联立方程组，只能用迭代法求解。

UHF 方法的缺点是，波函数 Ψ_{UHF} 满足条件式（3.30），$M_S=(p-q)/2$，但不是 S^2 的本征函数，即不对应于任一个总自旋值。在一般情况下，可以把 Ψ_{UHF} 表成具有不同自旋多重度波函数的线性组合：

$$\Psi_{UHF}=\sum_{m=0}^{q}C_{s+m}\Psi_{s+m} \tag{3.76}$$

就数值来说，展开式（3.76）中系数 C_{s+m} 很快变小，所以分离出第一个混合态 $S'=S+1$ 常常足够了，可以借助于消灭算符：

$$\hat{A}_{S+1}=\hat{S}^2-(S+1)(S+2) \tag{3.77}$$

用原始波函数 Ψ_{UHF} 表达与波函数 $\hat{A}_{S+1}\Psi_{UHF}$ 有关的密度矩阵式（3.69）、总密度矩阵式（3.70）和自旋密度矩阵式（3.71），它们是 UHF 方法中极重要的一些物理量。

3.3.4 开壳层体系的限制性哈特利-福克方法

假定 $\phi_i^\alpha\equiv\phi_i^\beta$，则可以从 Ψ_{UHF} 得到满足式（3.29）的分子电子波函数，这就导出一个斯莱特波函数，它的 n_1 个轨道均被两个自旋反平行电子占据（闭壳层），而 n_2 个轨道被自旋相同电子单占据（开壳层）。

$$\begin{aligned}\Psi_{RHF}=\frac{1}{\sqrt{(n_2+2n_1)!}}\det\{&\phi_1(1)\alpha(1)\phi_1(2)\beta(2)\cdots\phi_{n_1}(2n_1-1)\alpha(2n_1-1)\\&\phi_{n_1}(2n_1)\beta(2n_1)\cdots\phi_{n_1+n_2}(2n_1+n_2)\alpha(2n_1+n_2)\}\end{aligned} \tag{3.78}$$

其图像如图 3.4 所示，波函数 Ψ_{UHF} 是算符 S^2 和 S_z 的本征函数，同时描写极大多重度状态 $S=M_S=n^2/2$。所谓限制性哈特利-福克法就是用式（3.78）型波函数作运算。

把式（3.78）代入式（3.33），作一些变换后，可以得到 RHF 法的电子能量表达式：

$$\begin{aligned}E=&2\sum_k H_{kk}+\sum_{kl}(2J_{kl}-K_{kl})+f\sum_m 2H_{mm}+\\&f\sum_{mn}(2aJ_{mn}-bK_{mn})+2\sum_{km}(2J_{km}-K_{km})\end{aligned} \tag{3.79}$$

式中，k 和 l 表示闭壳层部分的分子轨道；m 和 n 表示开壳层的分子轨道；f 表示开壳层的占据程度；a 和 b 是罗特汉常数，它们取决于所研究电子体系的具体特征，例如，对半充满的开壳层体系，$f=1/2$，$a=1$，$b=2$。

在 LCAO 近似下，此时闭壳层和开壳层分子轨道均可按原子轨道基集合 φ_μ 展开成式（3.36）。运用关系式（3.45）~式（3.47）就可通过 AO 基改写式（3.79）。当使用矩阵表示时，可以写成：

$$E = \nu_1 S_p \boldsymbol{R}_1\left(\boldsymbol{H} + \frac{1}{2}\boldsymbol{G}_1\right) + \nu_2 S_p \boldsymbol{R}_2\left(\boldsymbol{H} + \frac{1}{2}\boldsymbol{G}_2\right) \tag{3.80}$$

式中，$\nu_1=2$ 和 $\nu_2=2f$ 是闭壳层和开壳层的填充数；$\boldsymbol{R}_1$ 和 $\boldsymbol{R}_2$ 分别是相应于闭壳层和开壳层部分的原子基的密度矩阵。

闭壳层和开壳层部分的电子相互作用矩阵分别是 $\boldsymbol{G}_1$ 和 $\boldsymbol{G}_2$：

$$\begin{aligned} \boldsymbol{G}_1 &= \boldsymbol{G}(\nu_1\boldsymbol{R}_1) + \boldsymbol{G}(\nu_2\boldsymbol{R}_2) \\ \boldsymbol{G}_2 &= \boldsymbol{G}(\nu_1\boldsymbol{R}_1) + \boldsymbol{G}'(\nu_2\boldsymbol{R}_2) \end{aligned} \tag{3.81}$$

矩阵 $\boldsymbol{G}$ 和 $\boldsymbol{G}'$ 可以用库仑矩阵式（3.55）和交换作用矩阵式（3.56）表示为：

$$\boldsymbol{G}(\boldsymbol{R}) = \boldsymbol{J}(\boldsymbol{R}) - \frac{1}{2}\boldsymbol{K}(\boldsymbol{R}) \tag{3.82}$$

$$\boldsymbol{G}'(\boldsymbol{R}) = a\boldsymbol{J}(\boldsymbol{R}) - \frac{1}{2}b\boldsymbol{K}(\boldsymbol{R}) \tag{3.83}$$

矩阵式（3.82）描述闭壳层电子相互作用，矩阵式（3.83）描述开壳层电子相互作用。

极小化式（3.80）可以得到确定分子轨道展开成 AO 基的系数方程，当然这必须在分子轨道相互正交的条件下进行。分别对闭壳层和开壳层轨道的 LCAO 系数变分，通常可导出两个式（3.60）型的哈特利-福克矩阵，对闭壳层和开壳层分别有：

$$\begin{aligned} \boldsymbol{F}_1 &= \boldsymbol{H}_1 + \boldsymbol{G}_1 \\ \boldsymbol{F}_2 &= \boldsymbol{H}_2 + \boldsymbol{G}_2 \end{aligned} \tag{3.84}$$

还可以由不同壳层分子轨道正交条件导出两个式（3.61）型的方程组。

然而，正如罗特汉指出的，对于所研究的函数，可以将两个式（3.61）型的方程组统一成一个求本征值和本征向量的方程：

$$\boldsymbol{FC} = \boldsymbol{SCE} \tag{3.85}$$

当然，这需要按下述公式确定式（3.85）中的哈特利-福克矩阵：

$$\boldsymbol{F} = \boldsymbol{R}_2'\boldsymbol{F}_1\boldsymbol{R}_2' + \boldsymbol{R}_1'\boldsymbol{F}_2\boldsymbol{R}_1' + \boldsymbol{R}_3'(\nu_1\boldsymbol{F}_1 - \nu_2\boldsymbol{F}_2)\boldsymbol{R}_3' \tag{3.86}$$

矩阵 $\boldsymbol{R}_i' = \boldsymbol{I} - \boldsymbol{R}_i (i=1, 2)$，$\boldsymbol{R}_3' = \boldsymbol{I} - \boldsymbol{R}_1 - \boldsymbol{R}_2$，此处 $\boldsymbol{I}$ 为单位对角矩阵。可以把式（3.86）写成与式（3.80）相应的形式：

$$\boldsymbol{F} = \boldsymbol{H} + 2\boldsymbol{J}_1 - \boldsymbol{K}_1 + 2\boldsymbol{J}_2 - \boldsymbol{K}_2 + \boldsymbol{RB} + \boldsymbol{BR} - \boldsymbol{B} \tag{3.87}$$

式中，$\boldsymbol{B} = 2a\boldsymbol{J}_2 - b\boldsymbol{K}_2$；$\boldsymbol{R}$ 是总密度矩阵，$\boldsymbol{R} = \boldsymbol{R}_1 + f\boldsymbol{R}_2$。

库仑积分和交换积分下角标 1 和 2 分别对应于闭壳层和开壳层，包含有式（3.87）定义的哈特利-福克算符方程（3.85）的求解归结为逐次迭代法。矩阵 $\boldsymbol{R}_1$ 由 n_1 个闭壳层轨道计算，$\boldsymbol{R}_2$ 由 n_2 个开壳层轨道计算。

波函数式（3.78）以及式（3.85）~式（3.87）不仅可用于描写极大自旋多

重度状态，而且也可用于描写开壳层轨道部分填充的一些状态。此时，只须改变式（3.87）中 a、b、F 数值，且不使问题复杂化。罗特汉的论文中已给出用 RHF 方法描述分子状态的这类系数。

皮塔埃等人推广了罗特汉的研究，除了给出原子和线型分子能量系数外，还给出了对称性为 Td 和 Oh 的分子的能量系数，使该方程更一般化了。

哈特利-福克方法最复杂的地方在于怎么去最佳化等式（3.6）中的能量期望值，或换句话说，怎么去最佳化等式（3.5）~式（3.9）中的分子轨域（MO）。经过复杂的理论推导，可以证明最佳化的分子轨域要满足以下的哈特利-福克方程：

$$\hat{F}(1)\varphi_i(1) = \varepsilon_i \varphi_i(1) \tag{3.88}$$

式中，$\hat{F}$ 称为福克算符，它是一个很复杂的单电子操作数，其中包含了：（1）在 φ_i 轨域电子的动能以及它与所有原子核间的作用力的操作数；（2）在 φ_i 轨域电子所参与的电子间库仑作用力的操作数；（3）在 φ_i 轨域电子所参与的电子间交换作用力的操作数，i 为分子轨域能量。

虽然等式（3.88）看起来像一个单纯的本征函数-本征值问题，但是由于福克算符中的库仑及交换操作数本身定义上需要先知道本征函数 φ_i，因此实际上在解等式（3.88）时需要先给定一组近似的起始分子轨域，然后以自相吻合的反复计算来求解，直到哈特利-福克（HF）能量收敛到没有显著变化为止。值得注意的是在 HF 理论中轨域能量的总和并不等于电子的总能量，因为在分子轨域能量中库仑及交换作用力会被重复计算，可证明哈特利-福克方法所得到的总能量也可写成：

$$E_{\mathrm{HF}} = 2\sum_{i=1}^{n} \varepsilon_i - \sum_{i=1}^{n}\sum_{j=1}^{n}(2J_{ij} - K_{ij}) + V_{\mathrm{NN}}$$

以上的运算都是针对分子轨域。用数学方式来表示分子轨域，最常用的方法是将每一个 MO 写成分子中所有原子轨域（AO）的线性组合，假设共使用 K 个 AO，则：

$$\varphi_i = \sum_{j=1}^{K} c_{ji} f_j \tag{3.89}$$

由此，对 MO 最佳化的抽象概念转变成了找出最恰当的展开系数（c_{ji}）的具体目标。这 K 个 AO 通常称为计算使用之基组。罗特汉在 1951 年提出以此 LCAO-MO 为架构求解哈特利-福克方程的方法，基本上就是将复杂的本征值-本征函数的问题用线性代数的方法来进行的处理，等式（3.88）可以用矩阵方法很简单地表示成：

$$\boldsymbol{FC} = \boldsymbol{SC\varepsilon}$$

式中，$\boldsymbol{F}$、$\boldsymbol{S}$ 分别称为福克矩阵及重叠矩阵，定义为：

$$
\begin{aligned}
F_{rs} &= \int f_r \hat{F} f_s \mathrm{d}\tau \\
&= \int f_r(1)^* \left(-\frac{\hbar^2}{2m_e}\nabla_1^2 - \sum_A \frac{Z_A e^2}{4\pi\varepsilon_0 r_{1,A}} \right) f_s(1)\mathrm{d}\tau_1 + \frac{e^2}{4\pi\varepsilon_0}\sum_{t=1}^{K}\sum_{u=1}^{K}\sum_{j=1}^{n/2} c_{tj}^* c_{uj}^* \\
&\left[2\int \frac{f_r^*(1)f_s(1)f_t^*(2)f_u(2)}{r_{12}}\mathrm{d}\tau_1\mathrm{d}\tau_2 - \int \frac{f_r^*(1)f_u(1)f_t^*(2)f_s(2)}{r_{12}}\mathrm{d}\tau_1\mathrm{d}\tau_2 \right] \\
&= H_{rs}^{\text{core}} + \sum_{t=1}^{K}\sum_{u=1}^{K} P_{tu}\left[(rs \mid tu) - \frac{1}{2}(ru \mid ts) \right]
\end{aligned}
\tag{3.90}
$$

$$
S_{rs} = \int f_r f_s \mathrm{d}\tau \tag{3.91}
$$

式中，C 称为交互系数，由式（3.89）中的 c_{ji} 组成；$\boldsymbol{F}$、$\boldsymbol{C}$、$\boldsymbol{S}$ 都是 $K \times K$ 的矩阵；$\boldsymbol{\varepsilon}$ 是一个 $K \times K$ 的对角线矩阵，对角在线的值就是式（3.88）中的分子轨域能量；$(rs \mid tu)$ 及 $(ru \mid ts)$ 为库仑及交换双电子积分的常用缩写。等式（3.90）中的 P_{tu} 称为密度矩阵元素，因为可证明在 HF 理论中分子内的电荷分布与 P 有密切的关系：

$$
\rho(r) = \sum_{r=1}^{K}\sum_{s=1}^{K} P_{rs} f_r^* f_s
$$

而 HF 能量也可以写成：

$$
E_{\text{HF}} = \frac{1}{2}\sum_{r=1}^{K}\sum_{s=1}^{K} P_{rs}(F_{rs} + H_{rs}^{\text{core}}) + V_{\text{NN}}
$$

由式（3.91）可以看出每一个福克矩阵元素 F_{rs} 的计算量大约与 K 的平方成正比，而福克矩阵总共有 K^2 个 F_{rs}，因此 HF 方法的计算量大约与 K^4 成正比，所以 HF 方法的计算量会随着化学系统或基组的增大而很快上升。虽然，因为 HF 方法只考虑了电子间的平均作用力，通常无法得到非常准确的分子能量，但 HF 方法在许多情况下仍然能够提供一些很有用的定性预测与最佳化的分子轨域；对于稳定的分子，HF 方法通常也能预测出非常准确的分子结构。若要更进一步得到更准确的能量，需要利用更复杂的理论来考虑到电子间瞬间的作用力，或说是要计算所谓的电子相关能量。

3.3.5 基组

上述的量化计算方法中都使用了分子轨域（MO）的观念，式（3.89）中用到的用来展开分子轨域的原子轨域（AO）称为量化计算的基组，传统上用来进行多电子原子及双原子分子计算的基组是斯莱特型轨道（STO），即 $f_{\text{STO}} = Nr^{n-1}e^{-Zr/a_0}Y_l^m(\theta, \phi)$。STO 是类氢原子轨域的简化，此处的 Z 称为轨道指数，N 为归一化常数。STO 可以正确描述在原子核附近波函数的行为。在 HF 计算中每一个 MO 是由数个 STO 线性组合而成。但在多原子分子的计算时 STO 非常没有效率，因此鲍伊斯等人在 20 世纪 50 年代提出使用高斯型轨道：

$$f_{\mathrm{GTO}} = N\, x^i y^j z^k e^{-Zr^2} \tag{3.92}$$

式中，i、j、k 为零或正整数；$Z>0$ 称为轨道指数；N 为 GTO 之归一化常数。

当 $i+j+k=0$ 时称为 s-型 GTO，当 $i+j+k=1$ 时称为 p-型 GTO，当 $i+j+k=2$ 时称为 d-型 GTO，依此类推。由式（3.92）在同一个 Z 值下可以得到六种 d-型 GTO，通常的作法是将其线性组合成类似实数 $3d_{\mathrm{AO}}$(d_{xy}、d_{xz}、d_{yz}、$d_{x^2-y^2}$、d_{z^2}）的 5 个 GTO 而省略具有 s 对称性的一个 GTO。式（3.92）的 GTO 也称为笛卡尔型高斯函数，其中 AO 在角度上的变化是以简单的 x、y、z 函数来取代复杂球谐函数，在指数项上是使用 r^2 而非 STO 中的 r 一次方。上述的 STO 及 GTO 都是以原子核为中心的 AO。使用 GTO 可以大幅简化双电子积分的计算，因为以两个不同原子为中心的 GTO 的乘积等于另一个以这两个原子之间的点为中心的 GTO。但为了能如 STO 一样正确描述原子核附近波函数的行为，通常需要将数个 GTO 做线性组合，组成一个行为上类似 STO 函数的压缩高斯型轨道：

$$f_{\mathrm{CGTF}} = \sum_l d_l g_l$$

式中，g_l 为以同一个原子为中心的数个笛卡尔型高斯函数式(3.92)，但具有不同的指数(Z)；d_l 为展开系数；g_l 也常被称为所谓的原始基高斯函数。

用来描述一种原子的所有 CGTF 称为基组。对每一个原子而言，如果 CGTF 的数目与其在周期表中同周期原子可用之原子轨域数相同，则称其为最小基组。比如说对碳原子而言，最小基组会包含一个 s-型的 CGTF 描述 $1s$ 轨道，另一个 s-型的 CGTF 描述 $2s$ 轨道，另一组（3 个）p-型的 CGTF 描述 $2p$ 轨道 s。量化历史发展上非常有名的 STO-3G 基组就是属于这种最小基组，其中每一个 CGTF 都是利用 3 个 GTO 线性组合而成，用以仿真一个 STO-AO。

最小基组所得的计算结果通常最好也只能算是做到定性的预测，要进一步增加准确度需要增加基组的量。所谓双重（DZ）基组是指对每一个可用的原子轨域使用两个 CGTF 来描述，使得计算上用到的基组的数目加倍，比如说顿宁及胡齐纳加的 D95 基组就是属于此类。DZ 基组会使计算量大量增加，一种折中的办法是只将价轨域改成 DZ，内层轨域维持最小基组，因为内层轨域的贡献通常在计算相对能量时会抵消掉。此种基组称为双重劈裂价键基组，如常见的 D95V、3-21G、6-31G 等。

常见的 3-21G、6-31G 等基组称为 Pople-type 基组。在 3-21G 中，每一个内层电子轨道是由三个原始基高斯函数组成的一个 CGTF 来代表，每一个价电子轨域是由两个 CGTF 来代表，其中一个 CGTF 是由两个原始基高斯函数组成的，而另一个 CGTF 是一个指数绝对值最小的非压缩 GTO。在 6-31G 基组中情况也类似，每一个内层电子轨道是由六个原始基高斯函数组成的一个 CGTF 来代表，每一个价电子轨域是由两个 CGTF 来代表，其中一个 CGTF 是由三个原始基高斯函数组成的，而另一个 CGTF 是一个指数绝对值最小的非压缩 GTO。

现在使用的基组通常会加上极化函数，也就是具有比价轨域更高的角动量量子数的 AO，比如说在 6-31G* 或 6-31G(d)的基组中，对于所有第二周期（Li-Ne）及第三周期（Na-Ar）的原子都加上一组非压缩 d-型 GTO。加入极化函数的目的是在分子的计算中较容易将电子的密度朝键结的方向极化，得到比较可靠的结构与能量。在 6-31G** 或 6-31G(d, p)的基组中，对于氢及氦原子也加入了一组 p-型极化 GTO。在更精确的计算中，需要用到更大的基组，比如说 6-311G 基组是一个三重价键（VTZ）的基组，对于所有第二周期原子每一个价电子轨域是由三个 CGTF 来代表，其中一个 CGTF 是由三个原始基高斯函数组成的，而另两个 CGTF 是由两个幂较小的非压缩 GTO 组成。同样地，6-311G 也可加入极化函数形成如 6-311G** 或 6-311G(d, p)等基组。有时候多加入几组极化函数对于能量及一些性质的预测会更为准确，例如：6-311G(2df, 2pd)基组代表对第二周期及以后的原子加入两组 d-型及一组 f-型极化函数，并且对第一周期原子加入两组 p-型及一组 d-型极化函数。在研究阴离子、范德华作用力、反应过渡态时由于电子云分布的范围比较广，常需要使用涵盖空间较大的分子轨域，因此需要加入一些弥散函数，也就是轨道指数的绝对值比较小的基组，例如：6-31+G*、6-311+G* 代表在 6-31G* 或 6-311G* 基组中再加入一组 s-型及一组 p-型的弥散函数，而 6-31++G* 或 6-311++G* 则代表对氢及氦也加入一组 s-型的弥散函数。通常对第一周期原子加入弥散函数的效用并不明显。

顿宁等人在 1989 年发展了另外一个系列的基组，称为相关一致（cc）基组（cc-pVnZ, n = D、T、Q、5、6），他们着重在高阶相关能的计算，以及外插至 complete 基组（CBS）limit 的收敛情形。在这些基组 s 中，极化函数（p）是内含的，VDZ 代表双重价键基组，依此类推。对第二周期及之后的原子而言 DZ 中含有 d 极化函数，TZ 中含有 d、f 极化函数，QZ 中含有 d、f、g 极化函数，依此类推。对第一周期的原子而言 DZ 中含有 p 极化函数，TZ 中含有 p、d 极化函数，QZ 中含有 p、d、f 极化函数，依此类推。这一类基组的弥散函数可通过加上 aug-（augmented）的字头来指定，比如说 aug-cc-pVDZ 是指原来的 cc-pVDZ 基组中再加上一组 s、p、d 弥散函数。在使用高阶理论（如 MP4、QCISD(T)、CCSD(T) 等）计算准确相对能量或要外插到 CBS limit 时，相关一致基组 s 是较好的选择。

通常进行量化计算时需要同时指定理论方法以及基组，符号上一般是以 theory/basis 的方式表示，例如：HF/3-21G、MP2/6-31+G**、CCSD(T)/aug-cc-pVTZ 等。在计算相对能量时 HF 方法所得的结果对基组的大小不太敏感，使用 VDZ 以上的基组通常没有什么帮助；然而计算相关能时，基组的质量就非常重要，在 MP2 的计算中，由 double-zeta 到 triple-zeta 通常相对能量会有显著改进，而极化函数也是得到准确能量所必需的。对于更高阶的理论如 CCSD(T)、QCISD(T)等，一定要搭配上很好的基组（如 aug-cc-pVTZ 等）才可以充分发挥效能。

3.3.6 基的引入：罗特汉方程

空间轨道 HF 方程：$\hat{f}(\vec{r}_1)\varphi_i(\vec{r}_1) = \varepsilon_i\varphi_i(\vec{r}_1)$。引入一组已知函数（基函数）：$\{\chi_\nu(\vec{r})\,|\,\nu = 1, 2, \cdots, m\}$。将 φ_i 展开：

$$\varphi_i = \sum_{\nu=1}^{m} C_{\nu i}\chi_\nu \quad (i = 1, 2, \cdots, m)$$

常用基组（近似的原子轨道）：STO-3G，3-21G，6-31G，6-311G，6-31G*，6-31+G*，6-311+G*，…

将展开式代入空间轨道 HF 方程：

$$\hat{f}(\vec{r}_1)\varphi_i(\vec{r}_1) = \varepsilon_i\varphi_i(\vec{r}_1) \quad (i = 1, 2, \cdots, m)$$

得：

$$\hat{f}(1)\sum_{\nu}^{m} C_{\nu i}\chi_\nu(1) = \varepsilon_i \sum_{\nu}^{m} C_{\nu i}\chi_\nu(1) \quad (i = 1, 2, \cdots, m)$$

上式左乘 $\chi_\mu^*(1)$ 并积分，得：

$$\sum_{\nu}^{m} C_{\nu i}(\chi_\mu(1)\,|\hat{f}(1)\,|\,\chi_\nu(1)) = \varepsilon_i \sum_{\nu}^{m} C_{\nu i}(\chi_\mu(1)\,|\chi_\nu(1)) \quad (i = 1, 2, \cdots, m)$$

$$\sum_{\nu}^{m} C_{\nu i}(\chi_\mu(1)\,|\hat{f}(1)\,|\,\chi_\nu(1)) = \varepsilon_i \sum_{\nu}^{m} C_{\nu i}(\chi_\mu(1)\,|\chi_\nu(1))$$

令：

$$S_{\mu\nu} = (\chi_\mu(1)\ \chi_\nu(1)) = \int \mathrm{d}\vec{r}_1\,\chi_\mu^*(1)\chi_\nu(1)$$

$$F_{\mu\nu} = (\chi_\mu(1)\,|\hat{f}(1)\,|\,\chi_\nu(1)) = \int \mathrm{d}\vec{r}_1\,\chi_\mu^*(1)\hat{f}(1)\chi_\nu(1)$$

可得方程组：

$$\sum_{\nu}^{m} F_{\mu\nu}C_{\nu i} = \varepsilon_i \sum_{\nu}^{m} S_{\mu\nu}C_{\nu i} \quad (i = 1, 2, \cdots, m)$$

可得 m 个类似的方程：

$$\mu = 1, 2, \cdots, m$$

或写成矩阵形式：

$$\boldsymbol{FC}_i = \varepsilon_i\boldsymbol{SC}_i \quad (i = 1, 2, \cdots, m)$$

合并写成如下的矩阵方程：

$$\boldsymbol{FC} = \boldsymbol{SC\varepsilon}\ \text{（罗特汉方程）}$$

式中，$\boldsymbol{C} = \begin{pmatrix} C_{11} & C_{12} & \cdots & C_{1m} \\ C_{21} & C_{22} & \cdots & C_{2m} \\ C_{31} & C_{32} & \cdots & C_{3m} \\ \vdots & \vdots & \ddots & \vdots \\ C_{m1} & C_{m2} & \cdots & C_{mm} \end{pmatrix}$，$\boldsymbol{\varepsilon} = \begin{pmatrix} \varepsilon_1 & & & O \\ & \varepsilon_2 & & \\ & & \ddots & \\ O & & & \varepsilon_m \end{pmatrix}$。

它们分别代表分子轨道（空间轨道）和轨道能。

$$\varphi_i = \sum_{\nu=1}^{m} C_{\nu i} \chi_\nu$$

3.4 后 HF 方法

3.4.1 组态相互作用

在 HF 计算中得到 K 个 MO，在式（3.5）中使用最低能量的 n 个 MO 可以得到 HF 波函数。也就是说在 HF 方法中将 $2n$ 个电子指定于最低能量的 n 个轨域，这种将电子指定于轨域的概念称为一种组态。一般而言，可以利用这 K 个 MO 产生许多种不同的组态或斯莱特行列式，而 HF 理论只使用了一个最低能量的组态。因此，一种最直接的改进 HF 理论的方法就是将波函数写成所有组态对应的斯莱特行列式的线性组合：

$$\Psi_{\mathrm{CI}} = c_0 \Psi_{\mathrm{HF}} + \sum_{i,\ p} c_i^p \Psi_i^p + \sum_{\substack{i,\ j \\ p,\ q}} c_{ij}^{pq} \Psi_{ij}^{pq} + \sum_{\substack{i,\ j,\ k \\ p,\ q,\ r}} c_{ijk}^{pqr} \Psi_{ijk}^{pqr} + \sum_{\substack{i,\ j,\ k,\ l \\ p,\ q,\ r,\ s}} c_{ijkl}^{pqrs} \Psi_{ijkl}^{pqrs} + \cdots \tag{3.93}$$

式中，i、j 等代表在 HF 理论中填满的轨域；p、q 等代表 HF 理论中的空轨域（虚拟轨道）。

因此，Ψ_i^p 代表将一个原来在第 i 个填满轨域的电子放到第 p 个空轨域形成的单激发斯莱特行列式 s，而 Ψ_{ij}^{pq} 代表将原来在第 i 及第 j 填满轨域的两个电子放到第 p 及第 q 两个空轨域形成的双激发斯莱特行列式，依此类推。每一个行列式前的系数可由变分原理通过能量最小化决定。若式（3.93）中包含所有可能的组态则称为完全组态相互作用（FCI）理论。可以证明 FCI 理论相当于求解完整的薛定谔方程。实际上，由于完全组态相互作用理论产生的组态数量过于庞大，对于一般的分子而言远远超过计算机的负荷量，因此，在式（3.93）中必须做一些省略（有限构型相互作用或者截断型组态作用），最常用的包含单、双激发的组态相互作用方法就是只使用式（3.93）中的前三项而忽略其他高激发组态，更精确但极为费时的考虑单双三四激发的组态相互作用是使用式（3.93）中的前五项。单纯的包含单、双激发的组态相互作用方法现在很少使用在化学反应系统上，因为通常由截断型组态作用所到的相对能量并不可靠，一种较新的二次组态相互作用方法（如包含单、双激发的二次组态相互作用或考虑单双激发并以微扰形式考虑三激发的二次组态相互作用方法）可以大幅改善相对能量的问题。

3.4.2 穆勒-微扰理论

早在1934年穆勒及普莱赛特就提出了一种计算分子系统的方法，这种方法就是根据微扰理论，将系统的哈密顿算符分成两部分，一部分是可直接求解的 $\hat{H}^{\circ}$，另一部分是难以求解的微扰项 $\hat{H}'$：

$$\hat{H} = \hat{H}^{\circ} + \hat{H}'$$

在穆勒-普莱赛特的方法中，$\hat{H}^{\circ}$ 为单电子福克算符之和：

$$\hat{H}^{\circ} = \sum_{i=1}^{2n} \hat{f}(i)$$

因此，由式(3.5)和式(3.88)可得：

$$\hat{H}^{\circ}\Psi_{\mathrm{HF}} = \left(2\sum_{i=1}^{n} \varepsilon_i\right)\Psi_{\mathrm{HF}}$$

因此，在非扰系统中，能量（零阶能）为MO能量之和。此方法中第一阶基态能量校正量为：

$$E_0^{(1)} = \int \psi_0^{(0)} \hat{H}' \psi_0^{(0)} \mathrm{d}\tau = \int \Psi_{\mathrm{HF}} \hat{H}' \Psi_{\mathrm{HF}} \mathrm{d}\tau$$

所以，经过第一阶校正后的总能量可以写成：

$$\begin{aligned} E_0^{(0)} + E_0^{(1)} &= \int \psi_0^{(0)} (\hat{H}^{\circ} + \hat{H}') \psi_0^{(0)} \mathrm{d}\tau \\ &= \int \Psi_{\mathrm{HF}} (\hat{H}^{\circ} + \hat{H}') \Psi_{\mathrm{HF}} \mathrm{d}\tau = E_{\mathrm{HF}} \end{aligned}$$

因此，经过第一阶校正又回到HF理论的能量，所以额外的校正是要由第二阶开始。由微扰理论及康登-斯莱特规则可以得到：

$$E_0^{(2)} = \sum_{m \neq 0} \frac{\left| \int \psi_m^{(0)} \hat{H}' \psi_0^{(0)} \mathrm{d}\tau \right|^2}{E_0^{(0)} - E_m^{(0)}} = \sum_a \sum_b \sum_i \sum_j \frac{|(ij \mid ab) - (ia \mid jb)|^2}{\varepsilon_i + \varepsilon_j - \varepsilon_a + \varepsilon_b}$$

式中，i、j 代表不同的占据自旋轨道；a、b 代表不同的虚拟自旋轨道。

上式中的 $\psi_m^{(0)}$ 为使用虚拟轨道的较高能量的斯莱特行列式 s，在第二阶能量校正中，只有使用两个虚拟轨道的 $\psi_m^{(0)}$（双重激发行列式）有贡献。这种加入第二阶校正的方法称为MP2。

$$E_{\mathrm{MP2}} = E_{\mathrm{HF}} + E_0^{(2)}$$

MP2 的计算量大约与系统大小的五次方成正比。MP2 是兼顾准确性与计算效率的一种非常重要的方法，在第二阶校正中此方法考虑了大部分的电子相关效应，使得 MP2 方法可以远较 HF 方法更准确地计算出大部分化学系统的相对能量及更可靠的分子结构。虽然 MP2 的计算量通常明显的较 HF 高，但现在一般计算化学用的计算机可以使用 MP2 理论很容易地处理大约 20 个原子以下的系统。依照微扰理论可以进一步加入第三、第四阶的校正，所得到的方法称为 MP3 及 MP4。一般而言，MP3 并不能有系统地增加 MP2 的准确度，MP4 方法通常可以再显著提高准确度，但其计算量会显著增加，而且大约与系统大小的六或七次方成正比，不容易应用于较大的系统中。

令 $H_0 = \sum_{k=1}^{M} F_k$ 等于总 HF 哈密顿算符，然后，可以定义扰动为：

$$H_e = H_0 + H'$$

式中，$H' = H_e - H_0$，H_e 正是哈密顿算符：

$$H_e = -\frac{1}{2}\sum_{k=1}^{M}\nabla_k^2 + \sum_{k=1}^{M} V_{\text{ext}}(r_k) + \frac{1}{2}\sum_{k\neq l}\frac{1}{|r_k - r_l|}$$

$$H' = \frac{1}{2}\sum_{k\neq l}\frac{1}{|r_k - r_l|} - \sum_{k}\sum_{l}[J_l(x_k) - K_l(x_k)]$$

$$H_0 = -\frac{1}{2}\sum_{k=1}^{M}\nabla_k^2 + \sum_{k=1}^{M} V_{\text{ext}}(r_k) + \sum_{k,\ l}[J_l(x_k) - K_l(x_k)]$$

在微扰理论中：

一阶能量修正是：

$$E^{(1)} = \langle \psi_0 | H' | \psi_0 \rangle$$

而零阶能量是：

$$E^{(0)} = \langle \psi_0 | H_0 | \psi_0 \rangle$$

$$E^{(0)} + E^{(1)} = \langle \psi_0 | H_0 + H' | \psi_0 \rangle = \langle \psi_0 | H_e | \psi_0 \rangle$$

但这是原始的能量函数，它改成了 HF 方程。

二阶能量修正是：

$$E^{(2)} = \sum_{s\neq 0}\frac{|\langle \psi_0^{(s)} | H' | \psi_0 \rangle|^2}{E^{(0)} - E^{(s)}}$$

式中，$\langle \psi_0^{(s)} \rangle$ 由行列式中使用的虚轨道创建，即单粒子轨道对未占状态的激发。

3.4.3 耦合簇方法

耦合簇是早在 20 世纪 60~70 年代间发展出来的准确量子化学方法，由于它的计算量很大，一直到了最近十年才被广泛地使用在一般的化学系统的计算中。CC 方法的基本方程式为：

$$\Psi = e^{\hat{T}}\Psi_{HF} \tag{3.94}$$

$$e^{\hat{T}} = 1 + \hat{T} + \frac{\hat{T}^2}{2!} + \frac{\hat{T}^3}{3!} + \cdots$$

$$\hat{T} = \hat{T}_1 + \hat{T}_2 + \hat{T}_3 + \cdots + \hat{T}_n \tag{3.95}$$

式中，$\hat{T}_n$ 是由 HF 波函数产生所有 n-电子激发之斯莱特行列式的操作数，例如：

$$\hat{T}_1\Psi_{HF} = \sum_{i,\ a} t_i^a\ \Psi_i^a$$

$$\hat{T}_2\Psi_{HF} = \sum_{\substack{i,\ j \\ a,\ b}} t_{ij}^{ab}\ \Psi_{ij}^{ab}$$

可以证明式（3.94）是 FCI 的另一种写法，其各项系数 t 须在满足式（3.94）的前提下经由复杂的推演导出的一系列庞大的非线性方程组反复求解。如同 CI 理论，完整的 CC 理论对于一般化学分子而言计算量过于庞大，因此必须做一些简化。通常的简化方法是只保留式（3.95）中的头几项而忽略高次激发项。比如说，若只用 $\hat{T}_2$ 则称为 CCD 理论；若保留了 $\hat{T}_1$ 及 $\hat{T}_2$，则称为 CCSD 理论。其实，$\hat{T}_3$ 项对于达到高准确度而言非常重要，只是若同时保留 $\hat{T}_1$、$\hat{T}_2$ 及 $\hat{T}_3$ 则计算量通常会变得难以负荷，因此一种折中的办法是不直接使用 $\hat{T}_3$ 而是利用微扰理论等方法去估计 $\hat{T}_3$ 的贡献，如现在常被用来当作高准确度量化计算之标准方法的 CCSD(T)理论就是属于这种类型。一般认为 QCISD(T)及 CCSD(T)方法是当今常用的量化计算理论中最可靠的两种方法，不过它们必须搭配适当的基底函数才能完全发挥功能。

3.5 HF-SCF 计算结果

3.5.1 轨道能与电子能量

（1）轨道能。$-\varepsilon_k$：电离能的近似值。

$$\boldsymbol{\varepsilon} = \begin{pmatrix} \varepsilon_1 & & & O \\ & \varepsilon_2 & & \\ & & \ddots & \\ O & & & \varepsilon_m \end{pmatrix}$$

（2）电子能量和分子总能量。

$$\boldsymbol{C}_0 = \begin{pmatrix} c_{11} & \cdots & c_{1N/2} \\ \vdots & & \vdots \\ c_{m1} & & c_{mN/2} \end{pmatrix}$$

$$\{\varphi_i\}$$

$$|\Psi_0\rangle = |\varphi_1\bar{\varphi}_1\cdots\varphi_i\bar{\varphi}_i\cdots\varphi_{N/2}\bar{\varphi}_{N/2}\rangle$$

$$E_0 = \langle \Psi_0 | \hat{H}_{\mathrm{el}} | \Psi_0 \rangle$$

$$U(\{\vec{R}_\alpha\}) = E_0(\{\vec{R}_\alpha\}) + \sum_\alpha \sum_{\beta>\alpha} \frac{Z_\alpha Z_\beta}{R_{\alpha\beta}}$$

3.5.2 势能面、构型优化、振动频率分析

分子总能量为总电子能加上核-核排斥能，它随核坐标的变化构成核运动的势场，称为势能曲面（线）：

$$U(\{\vec{R}_\alpha\}) = E_0(\{\vec{R}_\alpha\}) + \sum_{\alpha=1}^{M} \sum_{\beta>\alpha}^{M} \frac{Z_\alpha Z_\beta}{R_{\alpha\beta}}$$

势能面：$U(\{\vec{R}_a\})$ 作为核坐标 $\{\vec{R}_a\}$ 的函数。

势能曲线（面）对于研究分子振动和化学反应动力学有重要意义。构型优化就是寻找势能面的驻点（最小点和鞍点）。

$$\frac{\partial U(\{\vec{R}_\alpha\})}{\partial \vec{R}_\alpha} = 0 \quad (\alpha = 1, 2, \cdots, 3N-6)$$

平衡构型：势能面的最小点。

$$\frac{\partial U(\{\vec{R}_\alpha\})}{\partial \vec{R}_\alpha} = 0 \text{ 且 } \frac{\partial^2 U(\{\vec{R}_\alpha\})}{\partial \vec{R}_\alpha^2} > 0 \quad (\alpha = 1, 2, \cdots, 3N-6)$$

平衡构型附近的势能面曲率给出分子振动力常数（力场），如图 3.4 所示。

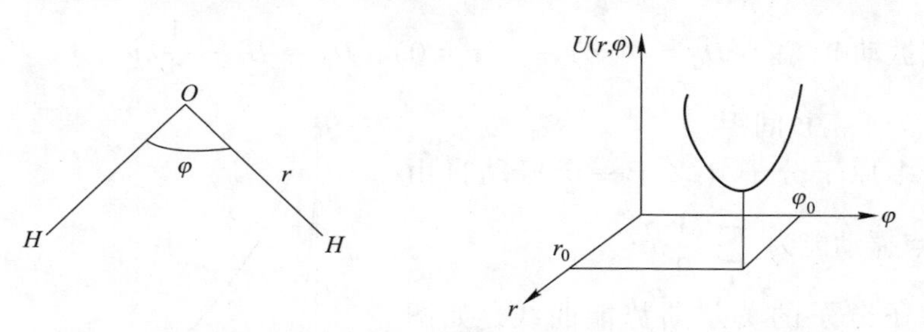

图 3.4 平衡构型附近的势能面曲率给出分子振动力常数（力场）

例如：对于双原子分子的振动（谐振子模型），如图 3.5 所示。

势能函数可展为：

$$U(R) = U(R_e) + U'(R_e)(R-R_e) + \frac{1}{2}U''(R_e)(R-R_e)^2 + \cdots$$

式中，R_e 为平衡核间距。

在平衡核间距，有 $U'(R_e) = 0$。因此：

$$U(R) \approx U(R_e) + \frac{1}{2}kx^2, \ x = R - R_e$$

$$k = U''(R_e)$$

$$\tilde{v} = \frac{1}{2\pi c}\sqrt{\frac{k}{\mu}}$$

双原子分子的解离能，如图 3.5 所示。

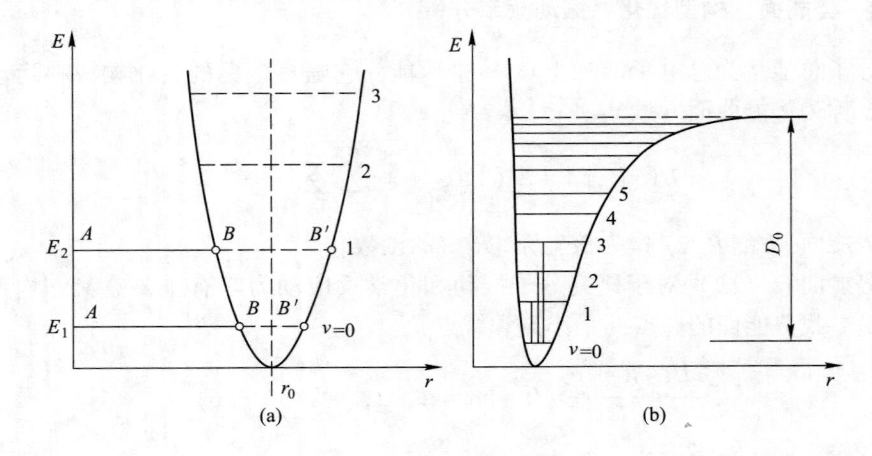

图 3.5 双原子分子的解离能

(a) 谐振子的势能曲线；(b) 非谐振子的势能曲线

平衡解离能：$D_e = U(\infty) - U(R_e)$。

零点振动解离能：$D_0 = U(\infty) - U(\nu = 0)$，$D_0 \approx D_e - \frac{1}{2}h\nu$

式中，R_e 为平衡核间距。

对于多原子分子（多于一个振动自由度），零点振动能为 $\sum\limits_i \frac{1}{2}h\nu_i$。

双原子分子的莫尔斯势能曲线，如图 3.6 所示。

反应过渡态：势能面的一阶鞍点。

$$\frac{\partial U(\{\vec{R}_\alpha\})}{\partial \vec{R}_\alpha} = 0 \quad (\alpha = 1, 2, \cdots, 3N - 6)$$

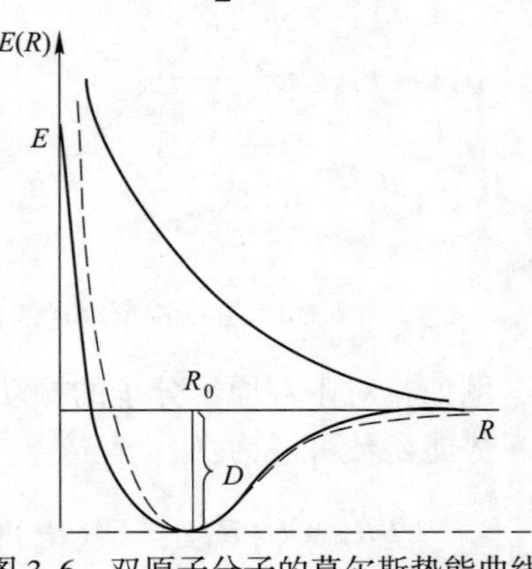

图 3.6 双原子分子的莫尔斯势能曲线

且:

$$\begin{cases} \dfrac{\partial^2 U(\{\vec{R}_k\})}{\partial \vec{R}_k^2} < 0 \\ \\ \dfrac{\partial^2 U(\{\vec{R}_\alpha\})}{\partial \vec{R}_\alpha^2} > 0 \end{cases} \quad (\alpha \neq k)$$

由势能面可以获得反应、反应能垒的知识。

过渡态示意图，如图 3.7 所示。

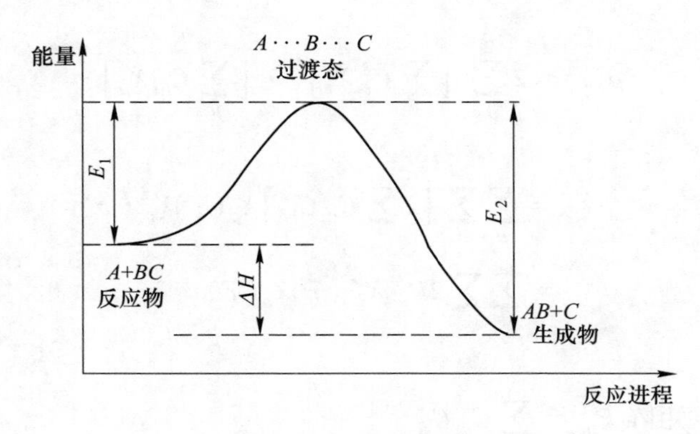

图 3.7　过渡态示意图

3.5.3　分子性质计算

分子的性质可由迭代收敛的基态电子波函数对相应的算符求期待值得到:

$$\langle \hat{Q}_1 \rangle = \langle \Psi_0 | \hat{Q}_1 | \Psi_0 \rangle$$

例如，分子的电偶极矩:

$$\vec{\mu} = \langle \Psi_0 | \sum_k q_k \vec{r}_k | \Psi_0 \rangle = \langle \Psi_0 | -\sum_{n=1}^{N} \vec{r}_n | \Psi_0 \rangle + \sum_\alpha Z_\alpha \vec{R}_\alpha$$

同理，可计算分子的其他静态性质和谱学性质：电四极矩、转动惯量张量、极化率、超极化率、NMR、ESR 等。

3.5.4　电荷密度与布居数分析

3.5.4.1　电荷密度

考虑一个占据空间轨道 φ_i 的电子，它在空间 $\vec{r}$ 处 $d\vec{r}$ 体积元出现的几率为 $|\varphi_i(\vec{r})|^2 d\vec{r}$，几率密度（电子密度）: $|\varphi_i(\vec{r})|^2$。

对于闭壳层分子，每个空间轨道占据两个电子，因此总电子密度为:

$$\rho(\vec{r}) = 2\sum_{i}^{\frac{N}{2}} |\varphi_i(\vec{r})|^2 = 2\sum_{i}^{\frac{N}{2}} \varphi_i^*(\vec{r})\varphi_i(\vec{r})$$

$$\rho(\vec{r}) = 2\sum_{i}^{\frac{N}{2}} \varphi_i^*(\vec{r})\varphi_i(\vec{r})$$

上式中代入分子轨道（空间）的罗特汉展开：

$$\varphi_i = \sum_{\mu=1}^{m} C_{\mu i}\chi_\mu,\ \varphi_i^* = \sum_{\nu=1}^{m} C_{\nu i}\chi_\nu^* \quad (i = 1,\ 2,\ \cdots,\ m)$$

得：

$$\rho(r) = 2\sum_{i}^{\frac{N}{2}} \left[\sum_{v} C_{vi}\chi_v\right]^* \cdot \left[\sum_{\mu} C_{\mu i}\chi_\mu\right]$$

$$= \sum_{\mu}\sum_{v}\left[2\sum_{i}^{\frac{N}{2}} C_{\mu i}C_{vi}^*\right]\chi_\mu(\vec{r})\chi_v^*(\vec{r})$$

$$= \sum_{\mu}\sum_{v} 2P_{\mu v}\chi_v^*(\vec{r})\chi_\mu(\vec{r})$$

式中，电子密度矩阵 $P_{\mu v} = \sum_{i}^{\frac{N}{2}} C_{\mu i}C_{vi}^*$。

3.5.4.2 马利肯布居数分析

总电子数：

$$N = \int d\vec{r}\rho(\vec{r}) = \int\left[\sum_{\mu}\sum_{v} 2P_{\mu v}\chi_v^*(\vec{r})\chi_\mu(\vec{r})\right]d\vec{r}$$

$$= 2\sum_{\mu}\sum_{v} P_{\mu v}S_{v\mu} = \sum_{\mu}(2PS)_{\mu\mu}(= Tr(2PS))$$

3.5.4.3 原子 α 上的电子布居数

原子 α 上的电子布居数：

$$n_\alpha = \sum_{\mu \in \alpha}(2PS)_{\mu\mu}$$

求和包括属于原子 α 的基函数 AO。

原子 α 上的净电荷：

$$q_\alpha = Z_\alpha - n_\alpha = Z_\alpha - \sum_{\mu \in \alpha}(2PS)_{\mu\mu}$$

式中，Z_α 为原子 α 的核电荷数。

综上所述：

$$\hat{H}\Psi = E\Psi \xrightarrow{\text{B. O. Appr.}}$$

$$\hat{H}_{el}\Psi_{el} = E_{el}\Psi_{el} \longrightarrow$$

$$\begin{cases} \xrightarrow{\text{Hartree Product}} \text{Hartree Eq.} \\ \xrightarrow{\text{Slater Det.}} \text{HF Eq.} \xrightarrow{\{\chi\}} \text{Roothaan Eq.} \end{cases}$$

$$[C,\ \varepsilon]/\{\psi_i,\ \varepsilon_i\} \longrightarrow |\Psi_0\rangle \longrightarrow E_0,\ \cdots$$

思考和练习题

(1) 判断 NO 和 CO 哪一个的第一电离能小，原因是什么。

(2) HF 分子以何种键结合？写出这个键的完全波函数。

(3) 试用分子轨道理论讨论 SO 分子的电子结构，说明基态时有几个不成对电子。

(4) Roothaan 方程在理论上是否与 Hartree-Fock 方程等价？

(5) 已知 Fock 算符是厄米特算符，试证明 Fock 矩阵为厄米特矩阵。

(6) 试证明交换算符是厄米特算符。

(7) 已知 Li 原子的基态组态为 $(1s)^2(2s)^1$，试写出其电子总能量。（设轨道能为 e_{1s}、e_{2s}，电子间的库仑积分均为 J，交换积分均为 K）。

4 计算材料学

第一性原理计算按照以下三个基本假设简化问题：

(1) 利用波恩-奥本海默绝热近似把包含原子核和电子的多粒子问题转化为多电子问题。

(2) 利用密度泛函理论的单电子近似把多电子薛定谔方程简化为比较容易求解的单电子方程。

(3) 利用自洽迭代法求解单电子方程得到系统基态和其他性质。

第一点主要涉及能带理论。第二点的主要内容是 HK 定理和 KS 方程。第三点是 DFT 计算方面的内容。这三个方面分别在 4.2 节、4.3 节、4.4 节中讨论。

第一性原理计算（简称从头计算）是指从所要研究的材料的原子组分出发，运用量子力学及其他物理规律，通过自洽计算来确定指定材料的几何结构、电子结构、热力学性质和光学性质等材料物性的方法。基本思想是将多原子构成的实际体系理解成为只有电子和原子核组成的多粒子系统，运用量子力学等最基本的物理原理最大限度地对问题进行“非经验”处理。第一性原理计算只需要用到五个最基本的物理常量（即 m_o、e、h、c、k_b）和元素周期表中各组分元素的电子结构，就可以合理地预测材料的许多物理性质。用第一性原理计算的晶胞大小和实验值相比误差只有几个百分点，其他性质也和实验结果比较吻合，体现了该理论的正确性。

密度泛函理论（DFT）是从量子力学的基本原理出发，考虑电子结构，用体系的粒子数密度函数替代电子波函数来描述体系的理论。也就是说，假定固体、原子、分子等系统的基态能量和物理性质可以用电子密度函数唯一确定。密度泛函理论由于考虑了电子相关作用的托马斯-费米模型，并在霍恩伯格以及科恩等人的工作后发展成的，再经过科恩和沈吕九改进得到电子密度泛函理论中的单电子方程，即科恩-沈方程，最终才使密度泛函理论得到实际的应用。密度泛函理论是研究多粒子系统基态的重要方法之一，它不但成功地将多电子问题转化为简单的单电子方程理论，而且也成为计算分子、固体等的电子结构和总能的有效手段。

4.1 能带理论

在完整的晶体中运动的电子，其能谱值是由一些密集的能级组成的带，这种带称为能带。能带与能带之间被能量禁区分开。其中，0K时完全空着的最低能带称为导带，完全被电子占满的最高能带称为价带，二者间的能量禁区称为禁带。

能带理论又称为固体能带理论，是关于晶体中电子运动状态的一种量子力学理论。其预言晶体中电子能量总会落在某些限定范围或“能带”中。

晶体的电学、光学和磁学等性质都与电子的运动有关，在研究这些问题时，都要用到能带理论。能带理论成功地解释了金属、半导体和绝缘体之间的差别，解释了霍尔效应现象。半导体物理学就是建立在能带理论基础之上的。

随着实验技术的发展，人们通过回旋共振、电光、磁光、光谱等手段已成功地测定了许多晶体的电子能带结构。特别是近年来由于计算机技术的广泛应用，在理论上已经可以对电子的能带结构进行更为精确的计算。尽管如此，由于能带理论毕竟是经过许多简化后的近似理论，所以其只适于有序晶体，并且即使对于有序晶体，当其结构较为复杂时，能带理论处理起来往往也显得有些困难。

4.1.1 晶体的薛定谔方程及其近似解

4.1.1.1 薛定谔方程

晶体由大量原子周期性排列构成，原子由原子核和核外电子组成。由于内层电子不参与晶体的物理过程，因此可认为晶体是由原子最外层电子和失去电子的离子组成的。若用 $\vec{r}_1$，$\vec{r}_2$，$\vec{r}_3$，…，$\vec{r}_i$，… 表示电子的位矢，用 $\vec{R}_1$，$\vec{R}_2$，$\vec{R}_3$，…，$\vec{R}_j$，… 表示失去电子的离子的位矢，则晶体定态薛定谔方程为：

$$\hat{H}\psi = E\psi \tag{4.1}$$

式中，ψ 为波函数；E 为能量本征值；$\hat{H}$ 是哈密顿算符，且：

$$\hat{H} = \hat{T}_e + \hat{T}_Z + \hat{u}_e + \hat{u}_Z + \hat{u}_{eZ} + \hat{V} \tag{4.2}$$

式中，$\hat{T}_e = \sum_i \hat{T}_i = \sum_i \left(-\frac{\hbar^2}{2m}\nabla_i^2\right)$ 为全部电子的动能算符，m 为电子质量，$\nabla_i^2 = \frac{\partial^2}{\partial x_i^2} + \frac{\partial^2}{\partial y_i^2} + \frac{\partial^2}{\partial z_i^2}$ 为第 i 个电子的拉普拉斯算符；$\hat{T}_Z = \sum_\alpha \hat{T}_\alpha = \sum_\alpha \left(-\frac{\hbar^2}{2M_\alpha}\nabla_\alpha^2\right)$ 为全部离子的动能算符，M_α 为离子质量，∇_α^2 为第 α 个离子的拉普拉斯算符；$\hat{u}_e = \frac{1}{2}\sum_{i,\ j\neq i} \frac{e^2}{4\pi\varepsilon_0 |\vec{r}_i - \vec{r}_j|} = \frac{1}{2}\sum_{i,\ j\neq i} \hat{u}_{ij}$ 表示电子之间的相互作用能；$\hat{u}_Z = \frac{1}{2}\sum_{\alpha,\ \beta\neq\alpha} \frac{z_\alpha z_\beta e^2}{4\pi\varepsilon_0 |\vec{R}_\alpha - \vec{R}_\beta|} = \frac{1}{2}\sum_{\alpha,\ \beta\neq\alpha} \hat{u}_{\alpha\beta}$ 表示离子之间的相互作用能；$z_\alpha e$、$z_\beta e$ 分别为 α、β 离子的电荷量；$\hat{u}_{eZ} = -\sum_{i,\ \alpha} \frac{z_\alpha e^2}{4\pi\varepsilon_0 |\vec{r}_i - \vec{R}_\alpha|} = \sum_{i,\ \alpha} \hat{u}_{i\alpha}$ 表示电子-离子之间的相互作用

能；$\hat{V}=V(\vec{r}_1, \vec{r}_2, \cdots, \vec{r}_n, \vec{R}_1, \vec{R}_2, \cdots, \vec{R}_N)$ 为所有电子和离子在外场中的势能。

晶体中原子体密度约为 $5\times10^{22}/cm^3$，方程数量过大，就目前的计算资源而言，上述方程不能严格求解，故一般情况下采用单电子近似方法处理。

4.1.1.2 绝热近似与原子价近似法

A 绝热近似

固体是由原子核和核外的电子组成的，在原子核与电子之间、电子与电子之间、原子核与原子核之间都存在着相互作用。从物理学的角度来看，固体是一个多体的量子力学体系，相应的体系哈密顿量可以写成如下形式：

$$H\psi(r, R)=E^H\psi(r, R) \tag{4.3}$$

式中，r、R 分别代表所有电子坐标的集合、所有原子核坐标的集合。在不计外场作用下，体系的哈密顿量包括体系所有粒子（原子核和电子）的动能和粒子之间的相互作用能，即：

$$H=H_e+H_N+H_{e-N} \tag{4.4}$$

式中，H_e 是电子部分的哈密顿量，形式为：

$$H_e(r)=-\sum_i \frac{\hbar^2}{2m}\nabla_{r_i}^2+\frac{1}{2}\sum_{\substack{i, i' \\ i\neq i'}}\frac{e^2}{|r_i-r_i'|} \tag{4.5}$$

式（4.5）的前一项代表电子的动能，后一项表示电子、电子之间的库仑相互作用能，m 是电子的质量。

原子核部分的哈密顿量 H_N 可以写成：

$$H_N(R)=-\sum_j \frac{\hbar^2}{2M_j}\nabla_{R_j}^2+\frac{1}{2}\sum_{\substack{j, j' \\ j\neq j'}}V_N(R_j-R_{j'}) \tag{4.6}$$

原子核与电子的相互作用项可以写成：

$$H_{e-N}(r, R)=-\sum_{i, j}V_{e-N}(r_i-r_j) \tag{4.7}$$

对于这样一个多粒子体系要对其实际精确求解是非常困难的，因此对其进行简化和近似是非常的必要。考虑到电子的质量比原子核的质量小很多（约 10^3 个数量级），相对来说，电子的运动速度比核的运动速度要快近千倍。当电子在做高速运动时，原子核只在平衡位置附近缓慢振动，电子能够绝热于原子核的运动。因此，可以将上面的多体问题分成两部分考虑：当考虑电子运动时，原子核要处在它们的瞬时位置上；当考虑原子核运动时，就不需要考虑电子在空间的具体分布。这就是波恩和奥本海默提出的绝热近似，或称波恩-奥本海默近似，即波恩-奥本海默绝热近似。此时，系统的哈密顿量简化为：

$$H = -\sum_{i} \frac{\hbar^2}{2m} \nabla_{r_i}^2 + \frac{1}{2} \sum_{\substack{i, i' \\ i \neq i'}} \frac{e^2}{|r_i - r_i'|} - \sum_{i, j} V_{e-N}(r_i - R_j) \tag{4.8}$$

一般地，重粒子（如原子核）与轻粒子（如核外电子）平衡时其平均动能为同一个数量级。但由于 $M_\alpha \gg m$，故电子速度远大于核运动速度（约 2 个数量级），从而把晶体中电子的运动同原子核的运动分开加以考虑近似地来说是可以的。这种简化是以原子的整体运动对电子运动的影响比较弱的假定为前提，就好像原子整体运动和电子运动之间不交换能量一样。通常称这种简化为绝热近似。

进一步，如果再假设原子核固定不动，则这时核坐标不再是变量，而是以 $\vec{R}_{10}$，$\vec{R}_{20}$，…，$\vec{R}_{\alpha 0}$，…，$\vec{R}_{N0}$ 的形式出现，表示晶格格点的坐标。这种情况下，核动能为零，而其相互作用能 $\hat{u}_Z$ 是常数，可选为零。此外，若不存在外场，则有 $\hat{V} = 0$。

此时，晶体的薛定谔方程可简化为描述固定核场中的电子运动方程：

$$\hat{H}\psi_e = (\hat{T}_e + \hat{u}_e + \hat{u}_{eZ})\psi_e = \left[\sum_{i} \left(-\frac{\hbar^2}{2m} \nabla_i^2 \right) + \frac{1}{2} \sum_{i, j \neq i} \frac{e^2}{4\pi\varepsilon_0 |\vec{r}_i - \vec{r}_j|} - \sum_{i, \alpha} \frac{z_\alpha e^2}{4\pi\varepsilon_0 |\vec{r}_i - \vec{r}_\alpha|} \right] \psi_e = E_e \psi_e \tag{4.9}$$

B　原子价近似

为进一步简化上述方程，采用了所谓的原子价近似。即除了价电子外，所有电子都与其原子核形成固定的离子实。

C　单电子近似——哈特利-福克方法

晶体中含有大量的电子，属多电子体系，体系中的每个电子都要受其他电子的库仑作用。因此即使只研究电子运动的问题，也仍然十分复杂。目前，处理多电子问题的最有效方法是所谓的单电子近似法。即把每个电子的运动分别地单独考虑。单电子近似法也称哈特利-福克法。在该方法中，为了近似地把每个电子的运动分开来处理，采用了适当的简化：在研究一个电子的运动时，其他电子在晶体各处对该电子的库仑作用按照它们的几率分布被平均地加以考虑。这种平均考虑是通过引入自洽电子场来完成的。如：对第 i 个电子，假定借助于外加势场，在任一时刻都能在该电子的位置上施加一个与其他电子的作用相同的势场，记为 Ω_i，则 Ω_i 只与 i 电子的位矢 $\vec{r}_i$ 有关，可记为 $\Omega_i = \Omega_i(\vec{r}_i)$， 称自洽电子场。对所有其他电子都作相同处理，则有：

$$\sum_{i} \Omega_i(\vec{r}_i) = \frac{1}{2} \sum_{i, j \neq i} \hat{u}_{ij} = \frac{1}{2} \sum \frac{e^2}{4\pi\varepsilon_0 |\vec{r}_i - \vec{r}_j|} \tag{4.10}$$

假定 $\Omega_i(\vec{r}_i)$ 已知，体系哈密顿算符则可写成：

$$\hat{H}_e = \sum_i -\frac{\hbar^2}{2m}\nabla_i^2 + \frac{1}{2}\sum_{i,\ j\neq i}\hat{u}_{ij} + \sum_{i,\ \alpha}\hat{u}_{i,\ \alpha}$$

$$= \sum_i -\frac{\hbar^2}{2m}\nabla_i^2 + \sum_i \Omega_i(\vec{r}_i) + \sum_i\left(\sum_\alpha \hat{u}_{i,\ \alpha}\right) = \sum_i \hat{H}_i \tag{4.11}$$

故对第 i 电子，哈密顿算符为：

$$\hat{H}_i = -\frac{\hbar^2}{2m}\nabla_i^2 + \Omega_i(\vec{r}_i) + \sum_\alpha \hat{u}_{i\alpha} = -\frac{\hbar^2}{2m}\nabla_i^2 + \Omega_i(\vec{r}_i) + \hat{u}_i(\vec{r}_i) \tag{4.12}$$

式中，$\hat{u}_i(\vec{r}_i)$ 为 i 电子在所有离子场中的势能；$\Omega_i(\vec{r}_i)$ 为 i 电子在所有其他电子场中的势能。

从而体系本征函数可表示为每个电子波函数的乘积，总能量为每个电子的能量之和：

$$\psi_e(\vec{r}_1,\ \vec{r}_2,\ \cdots,\ \vec{r}_n) = \prod_i \psi_i(\vec{r}_i) \tag{4.13}$$

$$E_e = \sum_i E_i \tag{4.14}$$

式中，$\psi_i(\vec{r}_i)$ 和 E_i 满足单电子的薛定谔方程。

$$\hat{H}_i\psi_i(\vec{r}_i) = E_i\psi_i(\vec{r}_i) \tag{4.15}$$

这样通过引入自洽电子场概念就将多电子问题转化为单电子问题了。由于 i 电子可以是任何电子，故上述单电子方程可一般地表示为：

$$\hat{H}\psi(\vec{r}) = E\psi(\vec{r}) \tag{4.16}$$

式中，$\hat{H} = -\frac{\hbar^2}{2m}\nabla^2 + V(\vec{r})$，$V(\vec{r}) = \Omega(\vec{r}) + \hat{u}(\vec{r})$。

其中，$-\frac{\hbar^2}{2m}\nabla^2$ 是单电子的动能算符；$V(\vec{r})$ 是它的势能算符，包含所有其他电子对它的平均库仑作用能和所有离子（原子实）对它的库仑作用能。

对于具体的晶体，只要写出势函数 $V(\vec{r})$，原则上通过求解薛定谔方程就可找到一系列能量谱值 E 和相应的波函数 $\psi(\vec{r})$。

D　原子轨道与晶格轨道

晶体中的电子有两种不同类型的单电子波函数，一种称为原子轨道，另一种称为晶格轨道。在原子轨道中，电子未摆脱原子的束缚，基本上绕原子运动，其波函数只在个别原子附近才有较大值。原子轨道适合于晶体中的内电子。在晶格轨道中，电子除了绕每个原子运动外，还在原子之间转移，在整个晶体中作共有化运动，其波函数延展于整个晶体，晶格轨道对于外电子比较适合。

通常关心的是晶体中的外电子，一般选择晶格轨道。另外，还认为原子都静止在其平衡位置，故外电子的势能 $V(\vec{r})$ 应具有晶格的对称性，特别是周期性。

E 电子的状态分布

当找到了单个电子的所有可能的能量谱值和运动状态后，如果还知道晶体中的大量电子在这些单电子态中的分布情况，则晶体中电子运动问题也就解决了。

电子在状态中的分布问题属于量子统计问题。在热平衡情况下，电子在状态中的分布近似地由费米-狄拉克分布决定。在非平衡情况下也可以找到新的分布函数。

4.1.2 布洛赫定理

晶体中单电子波动方程：

$$\left[-\frac{\hbar^2}{2m}\nabla^2+V(\vec{r})\right]\psi(\vec{r})=E\psi(\vec{r})$$

中的势函数 $V(\vec{r})$ 具有晶格的微观对称性，特别是具有晶格的周期性。如一维周期性势场中电子势函数的形式如图 4.1 所示。

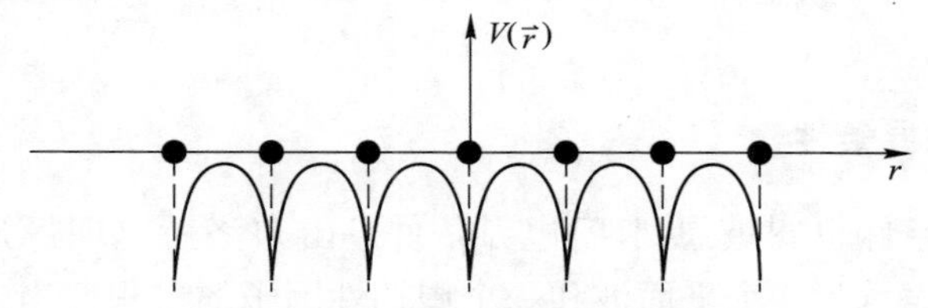

图 4.1 一维周期性势场中电子势函数

布洛赫定理可表述为，若 $V(\vec{r})$ 具有晶格周期性，即 $V(\vec{r}+\vec{R}_m)=V(\vec{r})$，则晶体的薛定谔方程的解可以一般地写成下面的布洛赫函数形式：

$$\psi(\vec{r})=e^{i\vec{k}\vec{r}}u(\vec{r}) \tag{4.17}$$

式中，$u(\vec{r})$ 为具有晶格周期性的函数，即 $u(\vec{r}+\vec{R}_m)=u(\vec{r})$；$\vec{k}$ 称波矢量，为实数；$\vec{R}_m$ 为晶格矢量。

布洛赫定理的另一种常见形式为：

$$\psi(\vec{r}+\vec{R}_m)=\mathrm{e}^{i\vec{k}\vec{R}_m}\psi(\vec{r}) \tag{4.18}$$

式（4.18）表明周期性势场中的电子波函数 $\psi(\vec{r})$ 经过任意一个晶格矢量 $\vec{R}_m$ 平移后，得到波函数 $\psi(\vec{r}+\vec{R}_m)$，这两个波函数之间只差一个模量为 1 的常数因子。

总之，周期性势场中电子波函数可一般地表示为一个平面波和一个周期性因子的乘积。平面波的波矢量就是实数矢量 $\vec{k}$，$\vec{k}$ 可以用来标志电子的运动状态，不同 $\vec{k}$ 代表不同状态。因此，$\vec{k}$ 同时也起着量子数作用。为了明确起见，以后在波函数和能量谱值（本征值）上附加一个指标 $\vec{k}$，即：

$$\psi_{\vec{k}}(\vec{r}) = e^{i\vec{k}\vec{r}} u_{\vec{k}}(\vec{r}) \tag{4.19}$$

$$E = E(\vec{k}) \tag{4.20}$$

由式（4.20）可知，欲使电子波无阻尼地在整个晶体中传播，波矢 $\vec{k}$ 只能取实数值。可以给波函数一个粗略解释：平面波因子 $e^{i\vec{k}\vec{r}}$ 与自由电子波函数相同，它描述电子在各原胞之间的运动；周期性因子 $u_{\vec{k}}(\vec{r})$ 描述电子在单个原胞中的运动，因为它在各原胞之间只是周期性重复着。由于：

$$|\psi_{\vec{k}}(\vec{r} + \vec{R}_m)|^2 = |e^{i\vec{k}\vec{R}_m}\psi_{\vec{k}}(\vec{r})|^2 = |\psi_{\vec{k}}(\vec{r})|^2$$

因此，电子在各原胞中的相应点上出现的几率相等。

由于晶体中电子的动量算符 $-i\hbar\nabla = \dfrac{\hbar}{i}\nabla$ 与 $\hat{H}$ 不可交换，故其波函数不是单纯平面波，还有一个周期性因子。波矢 $\vec{k}$ 与 $\hbar$ 的乘积具有动量的量纲，对于周期性场中运动的电子，通常把 $\hbar\vec{k}$ 称为电子的“准动量”，用 $\vec{p}$ 表示：$\vec{p} = \hbar\vec{k}$。准动量也称晶格动量。

4.1.3 周期性边界条件

周期性边界条件也叫玻恩-卡门边界条件。由布洛赫定理得知，周期场中电子的波函数可以表示为一个平面波和一个周期性因子的乘积。当考虑到边界条件后，$\vec{k}$ 要受到限制，只能取断续值。实际晶体的大小总是有限的，电子在表面附近的原胞中所处的环境与内部原胞中的相应位置上的环境是不同的，因而周期性被破坏，这给理论分析带来一定的不便。为了克服这一困难，通常采用玻恩-卡门周期性边界条件：假设一无限大晶体是由有限晶体周期性重复生成的，同时要求电子的运动情况以有限晶体为周期在空间周期性重复。

设想所考虑的有限晶体是一个平行六面体，沿 $\vec{a}_1$ 方向有 N_1 个原胞，沿 $\vec{a}_2$ 方向有 N_2 个原胞，沿 $\vec{a}_3$ 方向有 N_3 个原胞，则总原胞数 $N = N_1N_2N_3$。根据周期性边界条件，要求沿 $\vec{a}_1$ 方向波函数以 $N_1\vec{a}_1$ 为周期，即：

$$\psi(\vec{r} + N_1\vec{a}_1) = \psi(\vec{r}) = e^{i\vec{k}N\vec{a}_{11}}\psi(\vec{r}) \Rightarrow e^{i\vec{k}N\vec{a}_{11}} = 1 \Rightarrow \vec{k}\,N_1\vec{a}_1$$

令 $\vec{k} = \beta_1\vec{b}_1 + \beta_2\vec{b}_2 + \beta_3\vec{b}_3$，由于 $\vec{b}_i\vec{a}_j = 2\pi\delta_{ij}$，从而有：

$\vec{k}\,N_1\vec{a}_1 = 2\pi\beta_1N_1 = 2\pi l_1 \Rightarrow \beta_1 = \dfrac{l_1}{N_1}$，$l_1$ 为任意整数（共 N_1 个）。

同理有：$\beta_2 = \dfrac{l_2}{N_2}$，$\beta_3 = \dfrac{l_3}{N_3}l_2$，$l_3$ 为任意整数（共 N_2，N_3 个）。

从而有：

$$\vec{k}=\frac{l_1}{N_1}\vec{b}_1+\frac{l_2}{N_2}\vec{b}_2+\frac{l_3}{N_3}\vec{b}_3 \tag{4.21}$$

即在周期性边界条件下，$\vec{k}$ 只能取断续值。从而与这些波矢相应的能量 $E(\vec{k})$ 也只能取断续值。由式（4.21）决定的波矢 $\vec{k}$，它们在倒空间的代表点都处在一些以 $\frac{\vec{b}_1}{N_1}$、$\frac{\vec{b}_2}{N_2}$、$\frac{\vec{b}_3}{N_3}$ 为三条边的平行六面体的顶角上。在倒空间中，每个波矢 $\vec{k}$ 的代表点所占的体积为：

$$\frac{\vec{b}_1}{N_1}\cdot\left(\frac{\vec{b}_2}{N_2}\times\frac{\vec{b}_3}{N_3}\right)=\frac{\Omega^*}{N_1N_2N_3}=\frac{(2\pi)^3/\Omega}{N}=\frac{(2\pi)^3}{N\Omega}=\frac{(2\pi)^3}{V} \tag{4.22}$$

式中，V 为整个有限晶体的体积。

从而单位倒空间中的波矢数为 $\frac{V}{(2\pi)^3}$，该值即为 $\vec{k}$ 的代表点在倒空间中的分布密度。于是每个倒原胞中的 $\vec{k}$ 的代表点数为：

$$\frac{\Omega^* V}{(2\pi)^3}=\frac{(2\pi)^3N\Omega}{(2\pi)^3\Omega}=N \tag{4.23}$$

即在每个倒原胞中，$\vec{k}$ 的代表点数与晶体的总原胞数 N 相等。这是由周期性边界条件导出的一个重要结论。每个波矢 $\vec{k}$ 代表电子在晶体中的一个空间运动状态（量子态），从而波矢量在 $\mathrm{d}\vec{k}=\mathrm{d}k_x\mathrm{d}k_y\mathrm{d}k_z$ 范围内的电子状态数为：

$$\frac{V}{(2\pi)^3}\mathrm{d}\vec{k}=\frac{V}{(2\pi)^3}\mathrm{d}k_x\mathrm{d}k_y\mathrm{d}k_z \tag{4.24}$$

4.1.4 能带及其一般特性

4.1.4.1 能带

能带是晶体中电子运动的波函数为布洛赫函数：

$$\psi_{\vec{k}}(\vec{r})=e^{i\vec{k}\vec{r}}u_{\vec{k}}(\vec{r})$$

给定一个 $\vec{k}$，则平面波部分就确定下来了。为确定 $u_{\vec{k}}(\vec{r})$，需解波动方程：

$$\hat{H}\psi_{\vec{k}}(\vec{r})=\left[-\frac{\hbar^2}{2m}\nabla^2+V(\vec{r})\right]\psi_{\vec{k}}(\vec{r})=E(\vec{k})\psi_{\vec{k}}(\vec{r}) \tag{4.25}$$

由：

$$\left[-\frac{\hbar^2}{2m}\nabla^2+V(\vec{r})\right]e^{i\vec{k}\vec{r}}u_{\vec{k}}(\vec{r})=E(\vec{k})e^{i\vec{k}\vec{r}}u_{\vec{k}}(\vec{r})$$

$$\Rightarrow\left[-\frac{\hbar^2}{2m}(\nabla^2+i2\vec{k}\nabla-k^2)+V(\vec{r})\right]u_{\vec{k}}(\vec{r})=E(\vec{k})u_{\vec{k}}(\vec{r})$$

$$\Rightarrow\left[\frac{\hbar^2}{2m}\left(\frac{1}{i}\nabla+\vec{k}\right)^2+V(\vec{r})\right]u_{\vec{k}}(\vec{r})=E(\vec{k})u_{\vec{k}}(\vec{r}) \tag{4.26}$$

上式为 $u_{\vec{k}}(\vec{r})$ 满足的微分方程，且有 $u_{\vec{k}}(\vec{r}+\vec{R}_m)=u_{\vec{k}}(\vec{r})$ 。对于给定的问题，$V(\vec{r})$ 是一定的，当 $\vec{k}$ 给定后，微分方程的形式便确定了。一般来说，对于这种性质的本征方程，可以有很多个分离的能量谱值：

$$E_1(\vec{k}),\ E_2(\vec{k}),\ \cdots,\ E_n(\vec{k}),\ \cdots \tag{4.27}$$

将这些能量谱值分别代入微分方程，则可解出与其相应的函数 $u_{\vec{k}}(\vec{r})$ ：

$$u_{1,\vec{k}}(\vec{r}),\ u_{2,\vec{k}}(\vec{r}),\ \cdots,\ u_{n,\vec{k}}(\vec{r}),\ \cdots \tag{4.28}$$

这些函数乘上平面波因子 $e^{i\vec{k}\vec{r}}$ 就得到相应的波函数：

$$\psi_{1,\vec{k}}(\vec{r}),\ \psi_{2,\vec{k}}(\vec{r}),\ \cdots,\ \psi_{n,\vec{k}}(\vec{r}),\ \cdots \tag{4.29}$$

以上关系可简写为：

$$\begin{cases}E_n(\vec{k})\\ \psi_{n,\vec{k}}(\vec{r})=e^{i\vec{k}\vec{r}}u_{n,\vec{k}}(\vec{r})\end{cases}\quad(n=1,\ 2,\ 3,\ \cdots) \tag{4.30}$$

晶体中电子能谱值 $E_n(\vec{k})$ 具有以下性质：

(1) $E_n(-\vec{k})=E_n(\vec{k})$ ，即 $E_n(\vec{k})$ 具有反演对称性。特别地，对一维情况，$E_n(k)$ 为偶函数。

(2) $E_n(\vec{k}+\vec{k}_l)=E_n(\vec{k})$，$\vec{k}_l$ 为倒格矢，$\vec{k}_l=l_1\vec{b}_1+l_2\vec{b}_2+l_3\vec{b}_3$。这是因为 $\vec{k}$ 与 $\vec{k}+\vec{k}_l$ 的物理意义是等价的。

因此，晶体中电子运动状态和相应的能量谱值需要用两个量子数 n 和 $\vec{k}$ 标志。

由于 $\vec{k}=\frac{l_1}{N_1}\vec{b}_1+\frac{l_2}{N_2}\vec{b}_2+\frac{l_3}{N_3}\vec{b}_3$ 取分立值，故 $E_n(\vec{k})$ 为准连续的能带，即 $E_n(\vec{k})$ 与 $\vec{k}$ 的变化关系为准连续的。指标 n 是能带的标号，不同的 n ，相应于不同的能带 $E_n(\vec{k})$ ；$\vec{k}$ 是每个能带中不同状态和能级的标号，每个 $\vec{k}$ 又由倒空间中一个点来表示，该点就是把矢量 $\vec{k}$ 的始点置于原点时，其末端所指的电子。对于每个能带而言，倒空间中的一点可代表一个单电子状态和能级，这样的 $\vec{k}$ 点数目为 N 个。图 4.2 所示为一维情况下准自由电子的能带结构：$E_n(\vec{k})=\frac{\hbar^2k^2}{2m}$。

4.1.4.2 平面波

平面波是自由电子气的本征函数，由于金属中离子芯与类似的电子气有很小的作用，因此很自然的选择是用它描述简单金属的电子波函数。众所周知，最简单的正交、完备的函数集是平面波 $\exp[i(\boldsymbol{k}+\overline{\boldsymbol{G}})\cdot\boldsymbol{r}]$ ，这里 $\overline{\boldsymbol{G}}$ 是原胞的倒格矢。

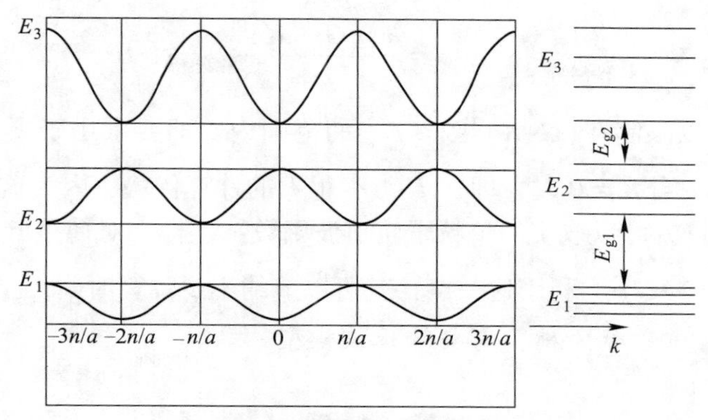

图 4.2 一维准电子的能带结构示意图

根据晶体的空间平移对称性，布洛赫定理证明能带电子的波函数 $\psi(\boldsymbol{\bar{r}},\ \boldsymbol{k})$ 总是能够写成：

$$\psi(\boldsymbol{\bar{r}},\ \boldsymbol{k}) = \mu(\boldsymbol{\bar{r}})\exp(i\boldsymbol{k}\cdot\boldsymbol{\bar{r}}) \tag{4.31}$$

式中，$\boldsymbol{k}$ 是电子波矢；$\mu(\boldsymbol{\bar{r}})$ 是具有晶体平移周期性的周期函数。

对于理想晶体的计算，这是很自然的，因为其哈密顿量本身具有平移对称性，只要取它的一个原胞就行了。对于无序系统（如无定型结构的固体或液体）或表面、界面问题，只要把原胞取得足够大，以至于不影响系统的动力学性质，还是可以采用周期性边界条件的。因此，这种利用平移对称性来计算电子结构的方法，对有序和无序系统都是适用的。采用周期性边界条件后，单粒子轨道波函数可以用平面波基展开为：

$$\psi(\bar{r}) = \frac{1}{\sqrt{N\Omega}}\sum_{G}\mu(\boldsymbol{\bar{G}})\exp(i(\boldsymbol{\bar{K}}+\boldsymbol{\bar{G}})\cdot\boldsymbol{\bar{r}}) \tag{4.32}$$

式中，$1/\sqrt{N\Omega}$ 是归一化因子，其中 Ω 是原胞体积；$\boldsymbol{\bar{G}}$ 是原胞的倒格矢；$\boldsymbol{\bar{K}}$ 是第一布里渊区的波矢；$\mu(\boldsymbol{\bar{G}})$ 是展开系数。

布洛赫定理表明，在对真实系统的模拟中，由于电子数目的无限性，$\boldsymbol{\bar{K}}$ 矢量的个数从原则上讲是无限的，每个 $\boldsymbol{\bar{K}}$ 矢量处的电子波函数都可以展开成离散的平面波基组形式，这种展开形式包含的平面波数量是无限多的。基于计算成本的考虑，实际计算中只能取有限个平面波数。采用的具体办法是，一方面，由于 $\psi(\boldsymbol{\bar{r}})$ 随 $\boldsymbol{\bar{K}}$ 点的变化在 $\boldsymbol{\bar{K}}$ 点附近是可以忽略的，因此可以使用 $\boldsymbol{\bar{K}}$ 点取样，通过有限个 $\boldsymbol{\bar{K}}$ 点进行计算；另一方面，为了得到对波函数的准确表示，$\boldsymbol{\bar{G}}$ 矢量的个数也应该是无限的，但由于对有限个数的 $\boldsymbol{\bar{G}}$ 矢量求和已经能够达到足够的准确性，因此对 $\boldsymbol{\bar{G}}$ 的求和可以截断成有限的。给定一个截断能：

$$E_{\text{cut}} = \frac{\hbar^2 (\overline{\boldsymbol{G}} + \overline{\boldsymbol{K}})^2}{2m} \tag{4.33}$$

对 $\overline{\boldsymbol{G}}$ 的求和可以限制在 $(\overline{\boldsymbol{G}}+\overline{\boldsymbol{K}})^2/2 \leqslant E_{\text{cut}}$ 的范围内，即要求用于展开的波函数的能量小于 E_{cut}。当 $\overline{\boldsymbol{K}}=0$ 时，即在 Γ 点有很大的计算优势，因为这时波函数的相因子是任意的，就可以取实的单粒子轨道波函数。这样，对傅里叶系数满足关系式 $\mu_l(-\overline{\boldsymbol{G}})=\mu_l^*(\overline{\boldsymbol{G}})$，利用这一点，就可以节约不少计算时间。

4.1.4.3 对于非金属，需要修正该模型

A 赝势引入

平面波函数作为展开基组具有很多优点，然而截断能的选取与具体材料体系密切相关。由于原子核与电子的库仑相互作用在靠近原子核附近具有奇异性，导致在原子核附近电子波函数将剧烈振荡，因此，需要选取较大的截断能量才能正确反映电子波函数在原子核附近的行为，这势必大大地增加计算量。另一方面，在真正反映分子或固体性质的原子间成键区域，其电子波函数较为平坦。基于这些特点，将固体看作价电子和离子实的集合体，离子实部分由原子核和紧密结合的芯电子组成，价电子波函数与离子实波函数满足正交化条件，由此发展出所谓的赝势方法。1959 年，基于正交化平面波方法，菲利普斯和克兰曼提出了赝势的概念。基本思路是适当选取一平滑赝势，波函数用少数平面波展开，使计算出的能带结构与真实的接近。换句话说，使电子波函数在原子核附近表现更为平滑，而在一定范围以外又能正确反映真实波函数的特征，如图 4.3 所示。

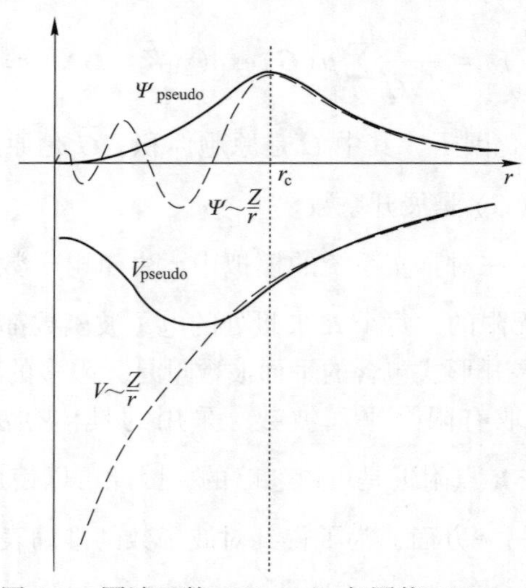

图 4.3 赝波函数（Ψ_{pseudo}）与赝势（V_{pseudo}）

所谓赝势，即在离子实内部用假想的势取代真实的势，求解波动方程时，以

保持能量本征值和离子实之间区域的波函数的不变。原子周围的所有电子中，基本上仅有价电子具有化学活性，而相邻原子的存在和作用对芯电子状态影响不大，这样，对一个由许多原子组成的固体，坐标空间根据波函数的不同特点可分成两部分（假设存在某个截断距离 r_c）：（1）r_c 以内的核区域，所谓的芯区。波函数由紧束缚的芯电子波函数组成，对周围其他原子是否存在不敏感，即与近邻的原子的波函数相互作用很小。（2）r_c 以外的电子波函数（称为价电子波函数）因承担周围其他原子的作用而变化明显。

B 原子赝势

全电子 DFT 理论处理价电子和芯电子时采取等同对待，而在赝势中离子芯电子是被冻结的，因此采用赝势计算固体或分子性质时认为芯电子是不参与化学成键的，在体系结构进行调整时也不涉及离子的芯电子。在赝势近似中用较弱的赝势替代芯电子所受的强烈库仑势，得到较平缓的赝波函数，此时只需考虑价电子，在不影响计算精度的情况下，可以大大降低体系相应的平面波截断能 E_{cut}，从而降低计算量。图 4.4 所示为 Si 原子赝势示意图。赝原子用于描述真实原子自身性质时是不正确的，但是它对原子-原子之间相互作用的描述是近似正确的。近似程度的好坏，取决于截断距离 r_c 的大小。r_c 越大，赝波函数越平缓，与真实波函数的差别越大，近似带来的误差越大；反之，r_c 越小，与真实波函数相等的部分就越多，近似引入的误差就越小。

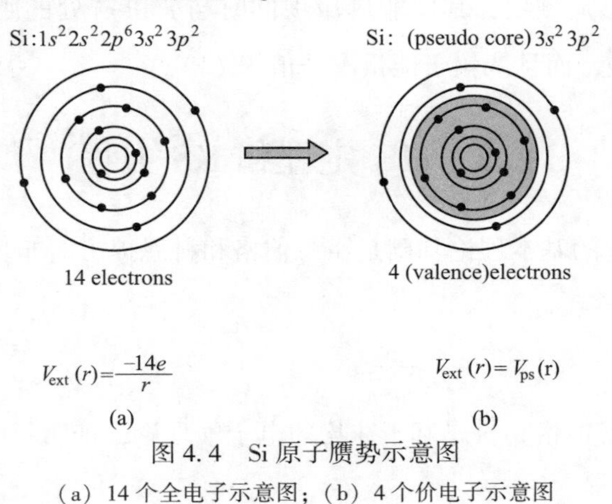

图 4.4 Si 原子赝势示意图

（a）14 个全电子示意图；（b）4 个价电子示意图

可将真实价波函数 $\psi_n(\bar{r},\ \bar{k})$ 看作是由赝势波函数 $\lambda_n(\bar{r},\ \bar{k})$ 和内层波函数 $\phi_J(\bar{r},\ \bar{k})$ 的线性组合，即：

$$\psi_n(\bar{r},\ \bar{k}) = \lambda_n(\bar{r},\ \bar{k}) - \sum_J \sigma_{nJ}(\bar{k})\phi_J(\bar{r},\ \bar{k}) \tag{4.34}$$

式中，系数 $\sigma_{nJ}(\bar{k})$ 可由正交条件 $\int d\bar{r}'\varphi_J^*(\bar{r},\ \bar{k})\psi_n(\bar{r},\ \bar{k}) = 0$ 确定，即：

$$\sigma_{nJ}(\bar{k}) = \int \mathrm{d}\bar{r}' \phi_J^*(\bar{r}, \bar{k}) \lambda_n(\bar{r}, \bar{k})$$

联合真实波函数 $\psi_n(\bar{r}, \bar{k})$ 所满足的薛定谔方程为：

$$[T + V(\bar{r})]\psi_n(\bar{r}, \bar{k}) = E_n(\bar{k})\psi_n(\bar{r}, \bar{k})$$

可得到赝波函数满足如下方程：

$$[T + U_{\mathrm{ps}}]\lambda_n(\bar{r}, \bar{k}) = E_n(\bar{k})\lambda_n(\bar{r}, \bar{k})$$

$$U_{\mathrm{ps}}\lambda_n(\bar{r}, \bar{k}) = V(\bar{r})\lambda_n(\bar{r}, \bar{k}) + \int \mathrm{d}\,\overline{r'} V_R(\bar{r}, \overline{r'})\lambda_n(\overline{r'}, \bar{k}) \tag{4.35}$$

式中，$V_R(\bar{r}, \overline{r'}) = \sum_J \varphi_J^*(\overline{r'}, \bar{k})[E_n(\bar{k}) - E_J]\varphi_J(\overline{r'}, \bar{k})$；$U_{\mathrm{ps}}$ 称为原子赝势。

根据密度泛函理论，原子赝势包括离子赝势 $U_{\mathrm{ps}}^{\mathrm{ion}}$ 和价电子库仑势与交换-相关势：$U_{\mathrm{ps}} = U_{\mathrm{ps}}^{\mathrm{ion}} + V_{\mathrm{H}}^{\mathrm{ps}}(\bar{r}) + V_{\mathrm{xc}}(\bar{r})$，其中后两项 $V_{\mathrm{H}}^{\mathrm{ps}}(\bar{r})$ 和 $V_{\mathrm{xc}}(\bar{r})$ 可以通过真实电荷密度计算，此时等于对应的全电子势 $V(\bar{r})$ 和 V_{xc}。从上面可知，赝势应具有以下特征：

（1）赝波函数和真实波函数具有完全相同的能量本征值 $E_n(\bar{k})$，这是赝势方法的重要特点；

（2）赝势第二项是排斥势，与真实的吸引势有相消趋势，因此比真实势弱；

（3）赝势包括局域项，其中非局域项同时与 $\bar{r}$ 和 $\overline{r'}$ 处的赝波函数 $\lambda_n(\bar{r}, \bar{k})$ 和 $\lambda_n(\overline{r'}, \bar{k})$ 有关，而且依赖于能量本征值 $E_n(\bar{k})$。

4.2 HK 定理和 KS 方程

密度泛函理论的基本理论基础是霍恩伯格和科恩提出的非均匀电子气理论的第一、第二定理。

4.2.1 HK 定理

1964 年，霍恩伯格和科恩基于非均匀电子气理论，证明了两个定理。

4.2.1.1 定理一

对于处于外势 $V(r)$ 中的多电子系统，其基态的电子密度分布与体系所处外势场存在一一对应关系，因此可以确定体系的所有性质。

定理一又可表述为：基态分子的电子性质是电子密度的泛函。

第一定理表明，处于外势 $V_{\mathrm{ext}}(r)$ 中的不计自旋的电子体系，不可能存在另外一个也有相同密度函数的外势 $V'_{\mathrm{ext}}(r)$，即其外势 $V_{\mathrm{ext}}(r)$ 可由电子密度唯一决定。此时，系统的哈密顿量 $H = T + V + U$，这里 T 为电子动能，V 为外势，U 为电子相互作用势。

在不同体系的哈密顿量 H 中，外势 V 是不一样的，而电子动能 T 和电子相互作用势 U 的表达式是相同的。因此只要外势确定，体系的哈密顿量 H 也就确定了。根据公式 $H\Psi = E\Psi$，只要 H 是确定的，系统的波函数也确定，也可以说电子密度决定了系统波函数的所有性质。

这里的“唯一”代表唯一，或至多差一常数值，若基态为非简并态，此定理证明如下：

设 $n(\vec{r})$ 为基态电子密度，电子数为 N，外位为 $V_1(\vec{r})$，系统之基态为 $\Psi_1(\vec{r})$，而能量为 E_1，则：

$$E_1 = \langle \Psi_1, H_1\Psi_1 \rangle = \int V_1(\vec{r})n(\vec{r})\mathrm{d}\vec{r} + \langle \Psi_1, (T+U)\Psi_1 \rangle$$

式中，T、U 分别为动能及电子之间作用位能。

现若有另一外位 $V_2(\vec{r})$，其对应的基态为 $\Psi_2(\vec{r})$，其中 $V_2(\vec{r}) \neq V_1(\vec{r}) + \mathrm{const}$，而：

$$\Psi_2(\vec{r}) \neq e^{i\theta}\Psi_1(\vec{r})$$

但 $\Psi_1(\vec{r})$ 与 $\Psi_2(\vec{r})$ 给出相同之密度 $n(\vec{r})$，则有：

$$E_2 = \langle \Psi_2, H_2\Psi_2 \rangle = \int V_2(\vec{r})n(\vec{r})\mathrm{d}\vec{r} + \langle \Psi_2, (T+U)\Psi_2 \rangle$$

现因 $\Psi_1(\vec{r})$ 为非简并，则由 Rayleigh-Rirz 原理有：

$$E_1 < \langle \Psi_2, H_1\Psi_2 \rangle = \int V_1(\vec{r})n(\vec{r})\mathrm{d}\vec{r} + \langle \Psi_2, (T+U)\Psi_2 \rangle$$

$$= E_2 + \int [V_1(\vec{r}) - V_2(\vec{r})]n(\vec{r})\mathrm{d}\vec{r}$$

同样方式可以证明：

$$E_2 \leqslant \langle \Psi_1, H_2\Psi_1 \rangle = E_1 + \int [V_2(\vec{r}) - V_1(\vec{r})]n(\vec{r})\mathrm{d}\vec{r}$$

上两式相加得到：

$$E_1 + E_2 < E_1 + E_2$$

这个矛盾的结论表示，一开始的假设不成立，亦即不可能存在不同（或仅相差一个常数）的 $V_1(\vec{r})$ 与 $V_2(\vec{r})$，而给出同一电子密度 $n(\vec{r})$。对于非简并基态的证明，亦于1985年由科恩完成。由于 $n(\vec{r})$ 可以决定 N 以及 $V(\vec{r})$，因此系统的哈密顿量 H 也可以决定，所有可由 H 导出的物理量也因而可由 $n(\vec{r})$ 决定。

4.2.1.2　定理二

定理二（HK 变分定理）：对于任意的函数 $\rho'(r)$，若满足条件：$\rho'(r) \geqslant 0$，$\int\rho'(r)\mathrm{d}r = N$，则 $E[\rho'(r)] \geqslant E_0$，$N$ 是体系包含的电子数，E_0 是体系基态能量。

由定理一可知体系总能量 $E[\rho]$ 、动能 $T[\rho]$ 、电子间相互作用能 $E_{ee}[\rho]$ 都是 $\rho(r)$ 的泛函，且有：

$$E[\rho] = T[\rho] + E_{ee}[\rho] + \int \rho(r)V(r)\mathrm{d}r = F[\rho] + \int \rho(r)V(r)\mathrm{d}r$$

式中 $F[\rho] = T[\rho] + E_{ee}[\rho]$，$F[\rho]$ 与外势场 $V(r)$ 无显著关系，为普适性密度泛函。

第二定理为计算体系基态能量和电子密度分布提供了一种变分计算方法，按照拉格朗日不定乘子变分方法，可得欧拉-拉格朗日方程：

$$\mu = \frac{\delta E[\rho]}{\delta \rho} = V(r) + \frac{\delta F[\rho]}{\delta \rho}$$

式中，$F[\rho]$ 与外势 $V(r)$ 无关，是一个 $\rho(r)$ 的普适性泛函，如果能够找到它的近似形式，欧拉-拉格朗日方程就可用于任何体系，因此，此式是密度泛函理论的基本方程。

然而，霍恩伯格-科恩定理虽然明确了可以通过求解基态电子密度分布函数得到系统的总能量，但并没有说明如何确定电子密度分布函数 $\rho(r)$ 、动能泛函 $T[\rho]$ 和电子间相互作用泛函 $E_{ee}[\rho]$ ，直到 1965 年科恩-沈方程的提出，才真正将密度泛函理论引入实际应用。

第二定理：对于已定的外势，体系基态能量等于基态能量泛函 $E[n'(r)]$ 的极小值。对于不计自旋的全同电子体系，其能量泛函 $E[n'(r)]$ 可写为：

$$E[n'(r)] = \int V(r)n'(r)\mathrm{d}r + T[n'(r)] + \frac{e^2}{2}\int \frac{Cn'(r)}{|r - r'|}\mathrm{d}r\mathrm{d}r' + E_{xc}[n(r)] \tag{4.36}$$

其中，第一项是电子在外势场中的势能，第二项表示无相互作用电子气的动能，第三项是电子间的库仑作用能，第四项是电子间的交换-相关能。第二定理的基本点是在粒子数不变的条件下求能量对密度函数的变分，以得到体系基态的能量 $E(n)$。但是霍恩伯格-科恩定理中还存在一些不足之处：

(1) 电子密度分布函数 $n'(r)$ 的具体形式不明确。

(2) 无相互作用电子气的动能泛函 $T[n'(r)]$ 不知道。

(3) 电子间的交换-相关能泛函 $E_{xc}[n(r)]$ 不清楚。

针对前两个问题可以用科恩-沈方程解决，而第三个问题通常是采用各种近似得到电子间的交换关联能。

4.2.2 KS 方程

1965 年，科恩和沈提出了这样一个假设：体系的电荷密度可以用电子波函数构造。此时电荷密度：

$$n(r) = \sum_{i=1}^{N} |\Psi_i(r)|^2 \tag{4.37}$$

这样前面遇到的问题就可以顺利解决。将 $\Psi_i(r)$ 代入式（4.16），有：

$$E[n(r)] = T_o[n(r)] + \int n(r)V_{ext}(r)dr + E_h[n(r)] + E_{xc}[n(r)] \quad (4.38)$$

式中：

$$T_o[n(r)] = -\frac{\hbar^2}{2m_e}\sum_{i=1}^{N}\langle \Psi_i | \nabla^2 | \Psi_i \rangle \quad (4.39)$$

$$E_h[n(r)] = \frac{1}{2}\int \frac{n(r)n(r')}{r-r'}drdr' \quad (4.40)$$

虽然 $E_{xc}[n(r)]$ 与电子密度 $n(r)$ 之间的函数表达式不知道，但是科恩-沈成功地将多电子体系的薛定谔方程问题简单地归结为单电子在周期性势场中运动的单电子方程。此时，只要求解在周期性势场 N 个无相互作用的单电子方程即可：

$$\left[-\frac{\hbar^2}{2m}\nabla^2 + V_{KS}[n(r)]\right]\Psi_i(r) = \varepsilon_i \Psi_i(r) \quad (4.41)$$

式中：

$$V_{KS} = V[n(r)] + \frac{\delta E_h[n(r)]}{\delta n(r)} + \frac{\delta E_{xc}[n(r)]}{\delta n(r)} \quad (4.42)$$

根据科恩-沈的本征值 ε_i，体系的总能量可写成：

$$E = \sum_{i}^{N}\varepsilon_i - \frac{1}{2}\int \frac{n(r)n(r')}{r-r'}drdr' - \int V_{xc}[n(r)]n(r)dr + E_{xc}[n(r)] \quad (4.43)$$

需要注意的是科恩-沈方程中本征值没有实际的物理意义。唯一的例外是体系的最高占据轨道，它的本征值对应于体系的离子化能。

下面和实际的轨道联系起来。

假想存在一个电子间无相互作用的参考体系，其电子密度与实际体系的电子密度一致。

引入 KS 轨道：$\{\theta_i\}$ —正交归一。

$$\hat{H}_{KS}\varphi_i = \left[-\frac{1}{2}\nabla_1^2 + \hat{v}_s(1)\right]\theta_i(1) = \varepsilon_i\theta_i(1)$$

式中，$\hat{v}_s(1) = V(r) + \int \frac{\rho(r')}{|r-r'|}dr' + V_{xc}(r)$，$V_{xc}(r) = \frac{\delta E_{xc}[\rho]}{\delta\rho(r)}$，$V_{xc}(r)$ 称为交换相关势，由 $E_{xc}[\rho]$ 求出。

求得科恩-沈方程即可得基态电子密度 $\rho(r)$ 和能量 $E(\rho)$。

自旋 KS 轨道：$u_i = \theta_i\eta_i$，$\eta_i = \alpha, \beta$。

则假想体系的状态可以取为 Slater 行列式波函数：$\Psi_0 = |u_1 u_2 \cdots u_N\rangle$。

值得注意的是，KS 轨道是假想的单电子态，其物理意义为 $\rho = \sum_{i=1}^{N}|\theta_i|^2$。

假想体系（科恩-沈体系）的能量泛函：

$$E[\rho] = T[\rho] + V_{eN}[\rho] + V_{ee}[\rho]$$

式中，$T[\rho] = \bar{T}[\rho] + \Delta T[\rho], V_{eN}[\rho] = -\sum_{\alpha} Z_{\alpha}\int \frac{\rho(\vec{r}_1)}{r_{1\alpha}}d\vec{r}_1$；$V_{ee}[\rho] = \frac{1}{2}\int \frac{\rho(\vec{r}_1)\rho(\vec{r}_2)}{r_{12}}d\vec{r}_1 d\vec{r}_2 +$ 非经典项，前一项是经典库仑排斥项（哈特利项），$\frac{1}{2}$是为了避免重复计算。

因此有：

$$E[\rho] = \bar{T}[\rho] - \sum_{\alpha} Z_{\alpha}\int \frac{\rho(\vec{r}_1)}{r_{1\alpha}}d\vec{r}_1 + \frac{1}{2}\int \frac{\rho(\vec{r}_1)\rho(\vec{r}_2)}{r_{12}}d\vec{r}_1 d\vec{r}_2 + E_{xc}[\rho]$$

式中，$E_{xc}[\rho]$ 称为交换-相关能（交换-相关泛函），包括 V_{ee} 中的非经典项，以及实际体系与假想体系的动能之差，它与外势无关，是电子密度的一个普适性泛函。

若泛函 $E_{xc}[\rho]$ 已知，则可以从 ρ 求基态能量 E_0。而 ρ 可由 θ_i 决定，因此问题归结为求 KS 轨道 θ_i 。

KS 方程：

$$\left[-\frac{1}{2}\nabla_1^2 - \sum_{\alpha}\frac{Z_{\alpha}}{r_{1\alpha}} + \int \frac{\rho(2)}{r_{12}}d\vec{r}_2 + \hat{v}_{xc}(1)\right]\theta_i(1) = \varepsilon_i\theta_i(1)$$

式中，$v_{xc}(\vec{r}_1) = \frac{\delta E_{xc}[\rho(\vec{r}_1)]}{\delta\rho(\vec{r}_1)}$ 称为交换-相关势，可由交换-相关泛函得到。

因 E_{xc} 是电子密度 ρ 的泛函，它对 ρ 的泛函导数也是 ρ 的泛函，而 ρ 是 x、y、z 的函数，因此交换-相关势可表示为坐标的函数：

$$v_{xc}(\vec{r}) = v_{xc}[\rho] = v_{xc}[\rho(\vec{r})]$$

KS 方程的等价形式：

$$\hat{h}^{KS}(1)\theta_i(1) = \varepsilon_i^{KS}\theta_i(1)$$

式中，$\hat{h}^{KS}(1) = -\frac{1}{2}\nabla_1^2 - \sum_{\alpha}\frac{Z_{\alpha}}{r_{1\alpha}} + \int \frac{\rho(2)}{r_{12}}d\vec{r}_2 + \hat{v}_{xc}(1)$ 。

$\hat{h}^{KS}(1)$ 相当于 HF 方法中的福克算符，但它不仅包含库仑作用和交换作用，也包含相关作用。除最后一项，各项的物理意义与 HF 方程相似。

值得注意的是，θ_i 是假想的参考体系的轨道，严格来说无物理意义，人们只是用它来计算电子密度。但经验表明占据的 KS 轨道与 HF 方法中计算的轨道相似，可以用来讨论分子的性质和化学反应。除 HOMO 外，KS 轨道的轨道能一般不服从科普曼斯定理。

4.2.3 交换-相关能密度泛函与交换-相关势

交换-相关泛函表示为 $E_{xc}[\rho]$，通过其可计算出交换-相关势 $v_{xc}(\vec{r})=\dfrac{\delta E_{xc}[\rho(\vec{r})]}{\delta\rho(\vec{r})}$。

一般可分为：$E_{xc}[\rho]=E_x[\rho]+E_c[\rho]$，因此 $v_{xc}=v_x+v_c$。

严格的 $E_{xc}[\rho]$ 具体形式目前尚不知道，理论工作者已采用各种模型进行了专门研究，并已提出一些近似的 $E_{xc}[\rho]$。经常使用的大约有十多种。采用哪种，往往取决于要研究的实际问题。

1965 年提出的科恩-沈方程，是目前 DFT 计算的标准形式。

4.3 DFT 计算

4.3.1 周期性固体的 KS 方程和电荷密度

周期性固体的特点在于，对电子体系而言，其外势是一种单体势，它对于平移矢量 $\boldsymbol{R}_i$ 的操作是不变的：

$$v(\boldsymbol{r}+\boldsymbol{R}_i)=v(\boldsymbol{r}) \tag{4.44}$$

式中，$\boldsymbol{R}_i$ 是实空间周期晶格的一组布拉维矢量：

$$\boldsymbol{R}_i=i_1\boldsymbol{a}_1+i_2\boldsymbol{a}_2+i_3\boldsymbol{a}_3 \tag{4.45}$$

式中，$\boldsymbol{a}_1$、$\boldsymbol{a}_2$、$\boldsymbol{a}_3$ 是初基平移矢量；i_1、i_2、i_3 是整数（负数、0 或正数）。

方程（4.44）适应于“局域”势的情况，而赝势会有“非局域”部分，为了处理简单，这里的推导只考虑“局域”部分，“非局域”势将在本章最后进行处理。

一般说来，电子系统在基态时是不会自发破坏外势的平移对称性的，故电子密度也有与外势一样的平移对称性：

$$n(\boldsymbol{r}+\boldsymbol{R}_i)=n(\boldsymbol{r}) \tag{4.46}$$

虽然电子密度也有破坏平移对称性的情形，如存在电荷密度波（CDW）的情形；但只限于处理电子浓度具有与外势相同周期性的情况。这时，交换关联势和 KS 哈密顿量也是周期性的。

通过布洛赫定理，可用布里渊区中的波矢 $\boldsymbol{k}$ 来标记波函数，每一个波函数都是布洛赫函数，它是平面波（有位相因子）与一个周期函数的乘积：

$$\psi_k(r)=Ne^{i\boldsymbol{k}\cdot\boldsymbol{r}}u_k(\boldsymbol{r}) \tag{4.47}$$

式中：

$$u_k(\boldsymbol{r}+\boldsymbol{R}_i)=u_k(\boldsymbol{r}) \tag{4.48}$$

它与外势 $v(\boldsymbol{r})$ 有同样的平移周期性。式中，N 是归一化常数。

由于布里渊区是由周期倒格基矢 $\boldsymbol{b}_j$ 定义的，而 $\boldsymbol{b}_j$（$j=1,2,3$）的线性组合组成倒格矢 $\boldsymbol{G}_j$。故它满足如下关系：

$$e^{i\boldsymbol{R}_i\cdot\boldsymbol{G}_j}=1 \tag{4.49}$$

在 DFT 中，波函数满足如下方程：

$$\left[-\frac{1}{2}\nabla^2+v_{ks}(r)\right]\psi_i(r)=\varepsilon_i\psi_i(r) \tag{4.50}$$

把式（4.47）代入式（4.50），便得到布洛赫函数的周期部分满足的 KS 方程：

$$\left[-\frac{1}{2}(\nabla+ik)^2+v_{ks}(r)\right]u_{nk}(r)=\varepsilon_{nk}u_{nk}(r) \tag{4.51}$$

由于这个方程必须满足周期边界条件，因此，对于一个固定的波矢 $\boldsymbol{k}$，其解是一系列分立的值，故增加指标 n，表示它所属的态。n 称为能带指标。在能带内，能量是 $\boldsymbol{k}$ 的连续函数。

对于有限大小的体系，价电子波函数必须受正交归一条件的限制：

$$\langle\psi_i\mid\psi_j\rangle=\delta_{ij} \tag{4.52}$$

由式（4.52）容易证明，不同波矢的波函数也会自动满足正交归一化条件。故 k 相同的布洛赫函数的周期部分满足：

$$\langle u_{nk}\mid u_{n'k}\rangle=\delta nn' \tag{4.53}$$

上述标积是在固体原胞中定义的。标积的一般定义是：

$$\langle f\mid g\rangle=\frac{1}{\Omega_{0r}}\int_{\Omega_{0r}}f^*(r)g(r)\,\mathrm{d}r \tag{4.54}$$

式中，Ω_{0r} 是原胞体积。把 DFT 用到周期固体要求知道如何从布洛赫函数获得电子密度。对于有限体系，可以通过对有限的态数求和得到：

$$n(r)=\sum_{i=1}^{N}\psi_i^*(r)\psi_i(r) \tag{4.55}$$

但是，周期固体有无限的态数，因此要有特殊的技术处理。

4.3.2　布里渊区的取样

为了构造电子密度和总能的表达式，首先审查周期情形下波函数的归一化问题。从式（4.52）和式（4.54），可得：

$$1=\langle u_{nk}\mid u_{nk}\rangle=\frac{1}{\Omega_{0r}}\int_{\Omega_{0r}}u_{nk}^*(r)u_{nk}(r)\,\mathrm{d}r \tag{4.56}$$

波函数 u_{nk} 的归一化要求它可以描述原胞内一个电子的几率振幅。为了构造密度，必须考虑所有的态。它们在布里渊区中是不同的矢量，属于不同的能带，同时有自旋向上和自旋向下。如果原胞中的价电子数为 N，则应有：

$$N = \int_{\Omega_{0r}} n(r)\,\mathrm{d}r \tag{4.57}$$

式中，$n(r)$ 为电子密度，定义如下：

$$n(r) = \frac{1}{\Omega_{0r}}\int_{\Omega_{0r}} s \sum_{n=\mathrm{occ}} \frac{1}{\Omega_{0r}} u_{nk}^{*}(r)\,u_{nk}(r)\,\mathrm{d}k \tag{4.58}$$

式中，Ω_{0r} 是布里渊区体积，表示每个态的贡献是对布里渊区求平均的。通常取 $s=2$，表示自旋求和。每个占有态从 1 到费米能求和。

对于绝缘体或半导体，填满的价带数目 = 每个原胞的价电子数，考虑自旋简并要除以 2。一般认为，周期固体中没有平移对称性破坏的机制，故由波函数确定的电荷密度是平移不变的。不过有些对关联效应敏感，也会被驱动出现破坏对称性的情况。

至此，在 LDA 近似下，每个原胞的电子能量可写成：

$$\begin{aligned} E^{\mathrm{el}}[u_{nk}] = {} & \frac{1}{\Omega_{0r}}\int_{\Omega_{0r}} s \sum_{n=\mathrm{occ}} \left\langle u_{nk} \left| -\frac{1}{2}(\nabla + ik)^2 \right| u_{nk} \right\rangle \mathrm{d}k + \\ & \int_{\Omega_{0r}} \left\{ v(r) + \frac{1}{2} v_{\mathrm{H}}(r) + \varepsilon_{\mathrm{xc}}[n(r)] \right\} n(r)\,\mathrm{d}r \end{aligned} \tag{4.59}$$

式（4.59）第二项来自有限体系公式，其能量是单位原胞的，被积函数遍及周期实空间。注意这里只计及价带，故式（4.59）是价电子的能量。如果其中的交换关联能包括非线性交换关联修正，则式（4.59）也需作相应修正。

式（4.59）价电子能量的第一部分可按式（4.58）的方式理解，差别只在于式（4.58）表示的密度是单位体积的量，其中有因子 $\frac{1}{\Omega_{0r}}$，而式（4.59）中是每个原胞的能量。

价电子能量公式第二项中的哈特利势 $v_{\mathrm{H}}(r)$ 是对整个实空间积分的。对于有限体系也一样：

$$v_{\mathrm{H}}(r) = \int \frac{n(r')}{|r' - r|}\mathrm{d}r' \tag{4.60}$$

至此，已经有计算周期体系电子能量所需的各个量的表达式。但是，为计算布里渊区积分还有一些技术问题。主要困难是其中涉及实空间原胞的积分。解析计算是不可能的，如式（4.58）和式（4.59）的积分必须用有限求和来代替。值得注意，布里渊区积分来自空间的周期性和无穷性。

为此目的所用的技术对于处理半导体（绝缘体）和金属是有差别的。下面先介绍处理半导体的情形。

首先要证明，式（4.58）与式（4.59）中的被积函数是倒格空间的周期函数。由于 $u_{nk}(r)$ 满足式（4.51），即：

$$\left[-\frac{1}{2}(\nabla+ik)^2+v_{ks}(r)\right]u_{nk}(r)=\varepsilon_{nk}u_{nk}(r)$$

因此容易证明下式成立：

$$\left[-\frac{1}{2}(\nabla+ik+iG)^2+v_{ks}(r)\right]e^{-i\boldsymbol{G}\cdot\boldsymbol{r}}u_{nk}(r)=\varepsilon_{nk}e^{-i\boldsymbol{G}\cdot\boldsymbol{r}}u_{nk}(r) \tag{4.61}$$

但是，按定义有：

$$\left[-\frac{1}{2}(\nabla+ik+iG)^2+v_{ks}(r)\right]u_{n,\ k+G}(r)=\varepsilon_{n,\ k+G}u_{n,\ k+G}(r) \tag{4.62}$$

比较式（4.61）和式（4.62），可以看出 $e^{-i\boldsymbol{G}\cdot\boldsymbol{r}}u_{nk}(r)$ 既满足薛定谔方程，又满足周期边界条件。因此可写为：

$$u_{n,\ k+G}(r)=\eta e^{-\boldsymbol{G}\cdot\boldsymbol{r}}u_{n,\ k}(r) \tag{4.63}$$

$$\psi_{n,\ k+G}(r)=\eta\psi_{n,\ k}(r) \tag{4.64}$$

利用式（4.63），容易证明式（4.58）与式（4.59）中的被积函数在倒格空间也是周期性的。

对于绝缘体，被积函数是波矢的缓变函数，因此可以用均匀网格点取样方法代替积分。数学上已经证明，这个积分关于网格点密度的线性增加是指数收敛的。因为历史原因，通常把这种方法称为特殊点技术。在特殊点方法中：

$$\frac{1}{\Omega_{0k}}\int_{\Omega_{0k}}X_k\mathrm{d}k\Rightarrow\sum_k w_kX_k(\sum_k w_k=1) \tag{4.65}$$

对于金属，由于其被积函数在费米能与价带交叉时会有大幅度变化，因此通常采用另外两种办法进行布里渊区积分：

（1）把能级人为地变宽，而不用突变的费米分布函数；

（2）利用线性内插方法，如“四面体”方法。

注意：方法（1）必须小心控制由于能级增宽带来的数值误差，而方法（2）的收敛要比特殊点方法慢得多。

总之，在求解周期性有效势的 KS 方程时，必须确定布里渊区 k 点的取样方法。在假定被积函数为缓变的条件下，通常采用布里渊区中的均匀网格点。对称性的考虑，不必遍及整个布里渊区，而只需不可约布里渊区。由能带本征值数据求电子 DOS，也需要进行布里渊区积分，这时常用四面体（内插）方法，只需一次计算，没有收敛快慢的问题。

4.3.3 无限固体中势的静电发散

对于无限固体，必须处理哈特利势和外部（电子-离子）势的积分发散问题。KS 有效势由外势、哈特利势和交换关联势三部分组成，它们是 KS 方程（4.51）需要的：

$$v_{ks}(r)=v(r)+v_{\mathrm{H}}(r)+\frac{\delta E_{\mathrm{xc}}[n]}{\delta n(r)} \tag{4.66}$$

先看哈特利势，它由式（4.67）定义：

$$v_{\mathrm{H}}(r)=\int\frac{n(r')}{|r'-r|}\mathrm{d}r' \tag{4.67}$$

假定式（4.67）有均匀的电子密度 n_0，则对整个空间积分有：

$$v_{\mathrm{H}}(r)=\rightarrow\int\frac{n_0}{|r'-r|}\mathrm{d}r'=n_0\int\frac{1}{|r''|}\mathrm{d}r''=n_0 4\pi\int_0^{\infty}\frac{1}{r''}r''^2\mathrm{d}r''=n_0 4\pi\int_0^{\infty}r''\mathrm{d}r'' \tag{4.68}$$

明显可以看出，以上积分是发散的，其值为 ∞，而不是个别的奇异点。

如果电子密度是非均匀的，正如周期固体的电子密度是周期变化的，则为此引入任意周期函数 $f(r)$ 的傅里叶变换：

$$f(\boldsymbol{G})=\frac{1}{\boldsymbol{\Omega}_{0R}}\int_{\Omega_{0R}}e^{-\boldsymbol{G}\cdot\boldsymbol{r}}f(\boldsymbol{r})\,\mathrm{d}\boldsymbol{r} \tag{4.69}$$

式中，$\boldsymbol{G}$ 取遍倒格空间的所有格矢；$\boldsymbol{r}$ 是实空间的矢量，其反变换是：

$$f(\boldsymbol{r})=\sum_{\boldsymbol{G}}e^{i\boldsymbol{G}\cdot\boldsymbol{r}}f(\boldsymbol{G}) \tag{4.70}$$

把傅里叶变换应用到哈特利势的方程式（4.67），经计算后得：

$$v_{\mathrm{H}}(G)=\frac{4\pi}{\boldsymbol{G}^2}n(\boldsymbol{G}) \tag{4.71}$$

显然，式（4.71）对于倒格空间的所有矢量 $\boldsymbol{G}$ 都是有效的。但是，当 $\boldsymbol{G}=0$ 时，式（4.71）要发散。

利用式（4.71），$\boldsymbol{G}=0$ 的电子密度为：

$$n(\boldsymbol{G}=0)=\frac{1}{\boldsymbol{\Omega}_{0r}}\int_{\Omega_{0r}}n(r)\,\mathrm{d}r \tag{4.72}$$

式（4.72）实际上表示密度的平均值。若非均匀电子密度的平均值不为 0，哈特利势就会发散。这与均匀电子密度的情形一致。

众所周知，倒格空间短距离上出现的特征（通过傅里叶变换）是与实空间的渐近行为有关的。这里，看到与缓慢减小的 $1/r$ 函数式（4.67）的卷积产生 $1/\boldsymbol{G}^2$ 函数，它在小 $\boldsymbol{G}$ 下有奇异性。

4.3.4 外势的静电发散

外势是每个原胞中各个原子局域势的总和：

$$v(r)=\sum_{i,k}v_k[r-(R_i+\tau_k)] \tag{4.73}$$

式中，i 跑遍原胞；k 表示原胞中的不同离子；τ_k 是离子 k 在原胞中的相对位置。

每个离子的局域势在截断半径 r_c 之外有如下行为：

$$v_k(r) = -\frac{Z_k}{r}，\ 对于\ r \geqslant r_c \tag{4.74}$$

可以校验有上述行为的离子局域势之和是否会发散。为此，定义一个假想的离子电荷密度 $n_k(r)$，由它的库仑相互作用给出电子感受到的离子局域势：

$$v_k(r) = -\int \frac{n_k(r')}{|r' - r|}\mathrm{d}r' \tag{4.75}$$

式中，负号表示电子带负电荷。

由式（4.74）和高斯静电定理，得假想离子电荷为：

$$Z_k = \int n_k(r)\mathrm{d}r \tag{4.76}$$

这个假想离子电荷在 r_c 外面将→0。由它的电荷分布产生的势就是外势：

$$v(r) = -\int \frac{\sum\limits_{i,k} n_k[r' - (R_i + \tau_k)]}{|r' - r|}\mathrm{d}r' \tag{4.77}$$

由式（4.76）可知，这个电荷分布的平均值≠0。故结果与式（4.71）类似，上述外势也是发散的。产生上述问题的一个原因是，不应当把势的静电部分解为 $v(r) + v_H$ 两部分；另一个原因是周期体系的正电荷不应该→∞，这是因为原胞内不可能有剩余电荷，其必须保持电中性。

4.3.5 原胞的电中性条件

周期固体中，原胞内的正负电荷必须完全相互抵消，即服从电中性条件：

$$0 = \sum_k Z_k - \int_{\Omega_{0r}} n(r)\mathrm{d}r \tag{4.78}$$

电中性条件保证原胞中离子正电荷之和等于原胞中的电子数。不可能处理没有这个条件约束的周期固体。对于宏观大小的有限固体，这个条件一般都会满足。

电中性条件还迫使哈特利和外势的发散有相反的符号，其绝对值相等。于是，从式（4.77）和式（4.62），有：

$$v(r) + v_H(r) = \int \frac{n(r')\sum\limits_{i,k} n_k[r' - (R_i + \tau_k)]}{|r' - r|}\mathrm{d}r' \tag{4.79}$$

其中，电荷的平均值为：

$$\frac{1}{\Omega_{0r}}\int_{\Omega_{0r}} n(r) - \sum_{i,k} n_k[r-(R_i+\tau_k)]\mathrm{d}r = \frac{1}{\Omega_{0r}}\left[\int_{\Omega_{0r}} n(r)\mathrm{d}r\right]$$

$$= \frac{1}{\Omega_{0r}}\left(\int_{\Omega_{0r}} n(r)\mathrm{d}r - \sum_k Z_k\right) = 0 \tag{4.80}$$

解决 $v(r)$ 和 $v_{\mathrm{H}}(r)$ 发散问题的方法：电子密度重整化。重新定义分离的哈特利和外势，把电荷的均匀部分扣除：

$$v'_{\mathrm{H}}(r) = \int \frac{n(r') - n(G=0)}{|r'-r|}\mathrm{d}r' \tag{4.81}$$

$$v'(r) = -\int \frac{\sum_{i,k} n_k[r'-(R_i+\tau_k)] - n(G=0)}{|r'-r|}\mathrm{d}r' \tag{4.82}$$

新定义的上述两个势的和等于原来两个势的和，而分开时它们都不会发散。这时已经扣除了均匀的“背景”电子密度。

4.3.6 解决 $v(r)$ 和 $v_{\mathrm{H}}(r)$ 发散问题的方法

已经扣除的均匀背景密度就是每个原胞中电子的平均密度，利用式（4.72）和式（4.78），可知：

$$n(G=0) = \frac{1}{\Omega_{0r}}\int_{\Omega_{0r}} n(r)\mathrm{d}r = \frac{1}{\Omega_{0r}}\sum_k Z_k \tag{4.83}$$

至此，已经解决了哈特利与外势的发散问题。KS 势的最后一部分是交换关联势。对于均匀电子气，单位体积的交换关联能总是有限的，而且，它是电子密度的连续函数，故：

$$\frac{\delta E_{\mathrm{xc}}[n]}{\delta n(r)} = \text{有限的交换相关势}$$

现已知道，在 LDA 及 GGA 下，交换关联势都不会发散。但还不知道普遍的证明方法。不过，非均匀固体系统的交换关联能不发散是可证明的。

（1）总能的静电发散及其解决方法。

首先，排除交换关联能发散的可能性。根据：

$$E_{\mathrm{xc}}[n] \doteq \int n(r_1)\,\varepsilon_{\mathrm{xc}}(r_1;\ n)\,\mathrm{d}r_1 \tag{4.84}$$

$$\varepsilon_{\mathrm{xc}}(r_1;\ n) = \int \frac{1}{2}\frac{\bar{n}_{\mathrm{xc}}(r_2|r_1;\ n)}{|r_1-r_2|}\mathrm{d}r_2 \tag{4.85}$$

由于上述交换关联空穴积分为-1，说明有精确的 1 个正电荷，即空穴；而且，每一点的交换关联空穴值有一个上限，故 DFT 下的交换关联能绝不会→∞。同理，LDA 下它也不发散。而且非线性交换关联芯态修正也不→∞。但是，单位原胞总能的哈特利、电子-离子和离子-离子部分会出现发散。

(2) 哈特利能 $E_{\mathrm{H}}[n]$ 的静电发散。哈特利能的表达式为：

$$E_{\mathrm{H}}[n]=\frac{1}{2}\int_{\Omega_{0r}}n(r)\int\frac{n(r')}{|r'-r|}\mathrm{d}r'\mathrm{d}r=\frac{1}{2}\int_{\Omega_{0r}}n(r)v_{\mathrm{H}}(r)\mathrm{d}r \tag{4.86}$$

利用式 (4.8) 进行傅里叶变换：

$$\frac{1}{\Omega_{0r}}\int_{\Omega_{0r}}f(r)g(r)\mathrm{d}r=\sum_{G}f^{*}(G)g(G) \tag{4.87}$$

得到：

$$E_{\mathrm{H}}[n]=\frac{1}{2}\int_{\Omega_{0r}}n(r)v_{\mathrm{H}}(r)\mathrm{d}r=\frac{1}{2}\Omega_{0r}\sum_{G}n^{*}(G)v_{\mathrm{H}}(r) \tag{4.88}$$

由于 $G=0$ 时导致哈特利势发散，可以看出，在此也会导致周期固体总能的哈特利 $E_{\mathrm{H}}[n]$ 发散的处理。

像处理势的发散那样，仍然考虑正负电荷的相互抵消，计算电子与赝势假想电荷系统单位原胞的静电能：

$$E_{\mathrm{n-psp}}=\frac{1}{2}\int_{\Omega_{0r}}\int\frac{\left[n(r)-\sum_{i,k}n_k(r-(R_i+\tau_k))\right]\cdot\left[n(r')-\sum_{i,k}n_k(r'-(R_i+\tau_k))\right]}{|r'-r|}\mathrm{d}r\mathrm{d}r' \tag{4.89}$$

由于电中性，周期固体的这个量是不会发散的。利用式 (4.81) 与式 (4.82)：

$$E_{\mathrm{n-psp}}=\int_{\Omega_{0r}}v'(r)n(r)\mathrm{d}r+\frac{1}{2}\int_{\Omega_{0r}}v'_{\mathrm{H}}(r)n(r)\mathrm{d}r+\frac{1}{2}\int_{\Omega_{0r}}\int\frac{\left[\sum_{i,k}n_k(r-(R_i+\tau_k))-n(G=0)\right]\cdot\left[\sum_{i,k}n_k(r'-(R_i+\tau_k))-n(G=0)\right]}{|r'-r|}\mathrm{d}r\mathrm{d}r' \tag{4.90}$$

对于周期固体，式 (4.90) 的每一项都可以分开确定。

如果是有限大小的物体，可以定义一个相应的对整个体系（而不是原胞）的量：

$$E_{\mathrm{n-psp}}=\int v(r)n(r)\mathrm{d}r+E_{\mathrm{H}}[n]+\frac{1}{2}\iint\frac{\left[\sum_{k}n_k(r-\tau_k)\right]\cdot\left[\sum_{i,k}n_k(r'-\tau_k)\right]}{|r'-r|}\mathrm{d}r\mathrm{d}r \tag{4.91}$$

在此公式中，k 标记所有的离子，其位置是 τ_k。式 (4.91) 说明前两项之和是：

$$\int v(r)n(r)\mathrm{d}r + E_{\mathrm{H}}[n] = E_{\mathrm{n-psp}}[n] - \frac{1}{2}\iint \frac{\left[\sum_k n_k(r-\tau_k)\right]\cdot\left[\sum_k n_k(r'-\tau_k)\right]}{|r'-r|}\mathrm{d}r\mathrm{d}r' \tag{4.92}$$

于是系统的电子能量为：

$$E^{\mathrm{el}}[n] = T_0[n] + E_{\mathrm{xc}}[n] + E_{\mathrm{n-psp}}[n] - \frac{1}{2}\iint \frac{\left[\sum_k n_k(r-\tau_k)\right]\cdot\left[\sum_k n_k(r'-\tau_k)\right]}{|r'-r|}\mathrm{d}r\mathrm{d}r' \tag{4.93}$$

式（4.93）前三项都不发散，可以计算。但最后一项依然发散→∞。

4.3.7 宏观物质系统的总能

虽然宏观物体的电子能量发散，但可证明，当它是周期固体时，总能并不发散。原因是除电子能量之外，总能还包括离子-离子相互作用能：

$$E = U_{\mathrm{N}} + E^{\mathrm{el}} \tag{4.94}$$

$$U_{\mathrm{N}} = \frac{1}{2}\sum_{k\neq\lambda}\frac{Z_k Z_\lambda}{|\tau_k - \tau_\lambda|} \tag{4.95}$$

式中，k、λ 表示离子，它们跑遍 1，…，N_{N}；因子 1/2 是因为离子对有双求和。将会看到，离子间相互作用能会与式（4.93）最后一项中的一部分严格抵消。为此，要进一步分析如下表达式：

$$-\frac{1}{2}\iint \frac{\left[\sum_k n_k(r-\tau_k)\right]\cdot\left[\sum_k n_k(r'-\tau_k)\right]}{|r'-r|}\mathrm{d}r\mathrm{d}r'$$

如果把上式对离子的求和改写为对离子对的求和，并把它的对角项（表示假想离子电荷与它自身的自相互作用能）分离出来，则有：

$$\begin{aligned}&-\frac{1}{2}\iint \frac{\left[\sum_k n_k(r-\tau_k)\right]\cdot\left[\sum_k n_k(r'-\tau_k)\right]}{|r'-r|}\mathrm{d}r\mathrm{d}r'\\ &= -\frac{1}{2}\sum_{k\neq\lambda}\iint\frac{n_k(r-\tau_k)\,n_\lambda(r'-\tau_\lambda)}{|r'-r|}\mathrm{d}r\mathrm{d}r' - \frac{1}{2}\sum_k\iint\frac{n_k(r)\,n_\lambda(r')}{|r'-r|}\mathrm{d}r\mathrm{d}r'\end{aligned} \tag{4.96}$$

第一项是一组非交叠的、球对称的电荷分布的相互作用能，这里非交叠是假定每一个小于 r_{c} 的球所包含的电荷不交叠。这个要求对于赝势的应用相当重要。利用高斯定理，可知第一项严格地等于这一组点电荷的相互作用能并包含同样的电荷量。因此，由于式（4.76），这一项会严格地与离子间的相互作用排斥能抵消。

于是得到总能：

$$E = T_0 + E_{\mathrm{xc}} + E_{\mathrm{n-psp}} - \frac{1}{2}\sum_k \iint \frac{n_k(r)n_\lambda(r')}{|r'-r|}\mathrm{d}r\mathrm{d}r' \tag{4.97}$$

当体系变成无穷大时，式（4.97）的每一项对能量的贡献都与体积成比例。故对于每个原胞的总能而言是不发散的。最后一项是离子电荷本身的自相互作用能。

最后，利用式（4.59）、式（4.65）、式（4.47）、式（4.90）计算的每个原胞的总能为：

$$\begin{aligned} E = &\sum_k w_k S \sum_{n=\mathrm{occ}} \left\langle u_{nk} \left| -\frac{1}{2}(\nabla + ik)^2 \right| u_{nk} \right\rangle - \frac{1}{2}\sum_k \iint \frac{n_k(r)n_k(r)}{|r'-r|}\mathrm{d}r\mathrm{d}r' + \\ &\int_{\Omega_{0r}} n(r)\varepsilon_{\mathrm{xc}}[n(r)]\,\mathrm{d}r + \int_{\Omega_{0r}} v'(r)n(r)\mathrm{d}r + \frac{4\pi}{2}\Omega_{0r}\sum_{G\neq 0}\frac{|n(G)^2|}{G^2} + \\ &\frac{1}{2}\int_{\Omega_{0r}}\int \frac{\left[\sum_{i,k} n_k(r-(R_i+\tau_k)) - n(G=0)\right]\cdot\left[\sum_{i,k} n_k(r'-(R_i+\tau_k)) - n(G=0)\right]}{|r'-r|}\mathrm{d}r\mathrm{d}r' \end{aligned} \tag{4.98}$$

哈特利能的处理涉及式（4.71）、式（4.81）、式（4.88）。注意第二项对离子的求和跑遍原胞中的离子，而式（4.91）中是跑遍有限固体的所有离子。注意2、6两项只使用几何数据，如原子位置、赝势，而1、3、4、5项与波函数有关，要进行自洽数值计算。

4.3.8　埃瓦尔德能和能量的静电赝势修正

如果把式（4.98）的2~6项联合起来，可以写成如下的形式：

$$\frac{1}{2}\int_{\Omega_{0r}}\int \frac{I(r,\ r')}{|r'-r|}\mathrm{d}r\mathrm{d}r' \tag{4.99}$$

$$\begin{aligned} I(r,\ r') = &\left[\sum_{i,k} n_k(r-(R_i+\tau_k)) - n(G=0)\right]\cdot\left[\sum_{j,\lambda} n_\lambda(r-(R_j+\tau_\lambda)) - n(G=0)\right] - \\ &\left[\sum_{i,k} n_k(r-(R_i+\tau_k))\cdot n_k(r'-(R_j+\tau_k))\right] \end{aligned} \tag{4.100}$$

注意式（4.100）第二行抑制了第一行中电荷分布的自相互作用。继续处理这个量可得：

$$\begin{aligned} I(r,\ r') = &\sum_{i,k}\sum_{\substack{j,k \\ (j,k\neq(i,\ k))}} n_k[r-(R_i+\tau_k)]\cdot n_\lambda[r-(R_j+\tau_\lambda)] - \\ &n(G=0)\sum_{i,k} n_k[r-(R_i+\tau_k)] - n(G=0)\sum_{i,k} n_k[r'-(R_i+\tau_k)] + \\ &n(G=0)n(G=0) \end{aligned} \tag{4.101}$$

$$n_\mu(r) = [n_\mu(r) - Z_\mu\delta(r)] + Z_\mu\delta(r) \tag{4.102}$$

$$I(r,r')=\sum_{i,k}\sum_{\substack{j,\lambda\\(j,\lambda\neq(i,k))}}[n_k(r-(R_i+\tau_k))-Z_k\delta(r-(R_i+\tau_k))]\cdot[n_\lambda(r'-(R_j+\tau_\lambda))-Z_\lambda\delta(r'-(R_j+\tau_\lambda))]+$$
$$\sum_{i,k}\sum_{\substack{j,\lambda\\(j,\lambda\neq(i,k))}}Z_k\delta(r-(R_i+\tau_k))\cdot[n_\lambda(r'-(R_j+\tau_\lambda))-Z_\lambda\delta(r'-(R_j+\tau_\lambda))]+$$
$$\sum_{i,k}\sum_{\substack{j,\lambda\\(j,\lambda\neq(i,k))}}[n_k(r-(R_i+\tau_k))-Z_k\delta(r-(R_i+\tau_k))]\cdot Z_\lambda\delta(r'-(R_j+\tau_\lambda))+$$
$$\sum_{i,k}\sum_{\substack{j,\lambda\\(j,\lambda\neq(i,k))}}Z_k\delta(r(R_i+\tau_k))\cdot Z_\lambda\delta(r'-(R_j+\tau_\lambda))-$$
$$n(G=0)\Big[\sum_{i,k}n_k(r-(R_i+\tau_k))-Z_k\delta(r-(R_i+\tau_k))\Big]-$$
$$n(G=0)\Big[\sum_{i,k}n_k(r'-(R_i+\tau_k))-Z_k\delta(r-(R_i+\tau_k))\Big]-$$
$$n(G=0)\Big[\sum_{i,k}Z_k\delta(r'-(R_i+\tau_k))+Z_k\delta(r'-(R_i+\tau_k))\Big]+$$
$$n(G=0)n(G=0) \tag{4.103}$$

当把以上 $I(r,r')$ 代入式（4.99）后，前三行的贡献为 0，因为它们涉及的是球对称电荷分布的、空间上分离的中性电荷之间的静电相互作用。注意第四项中，点电荷的自相互作用已经消除。

将第五、六项代入式（4.99）可给出“背景”负电子密度与局域赝势和库仑势之差之间的相互作用能。这个能量被称为“对能量的静电赝势修正（elp-sp）”。

$$E_{\mathrm{elsps}}=\left(\frac{1}{\Omega_{0r}}\sum_k Z_k\right)\cdot\left(\sum_k\int\left(V_k(r)+\frac{Z_k}{|r|}\right)\mathrm{d}r\right) \tag{4.104}$$

推导式（4.104）时，已利用了式（4.83），注意在 r_c 之外，括号第二项的积分贡献为 0。

方程（4.103）中的第 4、7、8 项组合起来就是埃瓦尔德能，即在中性背景下，类点电荷系统每个原胞的静电能，在此没有类点电荷的自相互作用。

$$E_{\mathrm{Ewald}}=\frac{1}{2}\int_{\Omega_{0r}}\int\frac{I_{\mathrm{Ewald}}(r,r')}{|r'-r|}\mathrm{d}r\mathrm{d}r' \tag{4.105}$$

$$I_{\mathrm{Ewald}}(r,r')=\sum_{i,k}\sum_{\substack{j,\lambda\\(j,\lambda\neq(i,k))}}Z_k\delta[r-(R_i+\tau_k)]\cdot Z_\lambda\delta[r'-(R_j+\tau_\lambda)]-$$
$$n(G=0)\Big\{\sum_{i,k}\sum_{\substack{j,\lambda\\(j,\lambda\neq(i,k))}}Z_k\delta[r-(R_i+\tau_k)]\cdot Z_\lambda\delta[r'-$$
$$(R_i+\tau_k)]\Big\}+n(G=0)n(G=0) \tag{4.106}$$

两个 δ 函数在同一点的乘积是有意义的，于是得到：

$$I_{\mathrm{Ewald}}(r, r') = \sum_{i, j,k,\lambda} [Z_k\delta(r - (R_i + \tau_k)] - N(G=0)] \cdot [Z_k\delta(r' - (R_j + \tau_\lambda)) - n(G=0)] - \sum_{i,k} Z_k\delta(r - (R_i + \tau_k))Z_k\delta(r' - (R_i + \tau_k)) \quad (4.107)$$

4.3.9 埃瓦尔德能的计算

计算晶体的埃瓦尔德能并不是一件轻而易举的事。不过已知一种求和技术，它来自连续的傅里叶变换：

$$\frac{1}{(2\pi)^3}\int e^{ikr}\frac{4\pi}{k^2}e^{-k^2/4P}\mathrm{d}k = \frac{1}{r} - \frac{erfc(\sqrt{P}r)}{r} \quad (4.108)$$

式中，误差函数 $ercf(x)$ 定义为：

$$ercf(x) = \frac{2}{\sqrt{\pi}}\int_x^\infty e^{-y^2}\mathrm{d}y \quad (4.109)$$

当 $x=0\to\infty$ 时，其值从 1 迅速减小到 0。通过式（4.108）可知，$1/r$ 被分解成两项，即倒格空间的积分和一项实空间函数：

$$\frac{1}{r} = \frac{1}{(2\pi)^3}\int e^{ikr}\frac{4\pi}{k^2}e^{-k^2/4P}\mathrm{d}k + \frac{erfc(\sqrt{P}r)}{r} \quad (4.110)$$

注意式（4.110）第一项积分在倒格空间是迅速减小的，而第二项余误差函数是在实空间迅速减小。在常数 P 改变的情况下，求和不变，P 用于这两项之间的平衡。当 r 很大时，第一项与 $1/r$ 有相同的渐近行为；$r\to 0$ 时，第二项与 $1/r$ 有相同的奇异性。

经过一些代数运算，埃瓦尔德能量是：

$$E_{\mathrm{Ewald}} = \sum_{k,\lambda} Z_k Z_\lambda \left[\sum_{G\neq 0}\frac{4\pi}{\Omega_{0r}}e^{iG(\tau_k-\tau_\lambda)}\frac{1}{G^2}e^{-G^2/4P} + \sum_{\substack{i \\ R_j\neq 0,\ if k=\lambda}}\frac{erfc(\sqrt{P}x)}{x}\Big|_{x=|R_j+\tau_k-\tau_\lambda|} - \frac{2}{\sqrt{\pi}}\sqrt{P}\delta_{k\lambda} - \frac{\pi}{\Omega_{0r}P} \right] \quad (4.111)$$

式（4.111）是非常容易数值计算的，因为方括号中的前两项求和可以快速收敛。

现在引入“非局域”赝势的可能性。因为赝势的非局域部分是短程的，它被限制在 r_c 球内，因此没有静电发散问题。

考虑总“电子-离子”势，它是所有离子的“非局域”赝势的和并已加上赝势的“局域”部分，是没有静电发散的。这个算子的内核可写成：

$$v'(r,\ r') = v_{\mathrm{NL}}(r,\ r') + v'_{\mathrm{lov}}(r)\delta(r - r') \tag{4.112}$$

“电子-离子”势作用在波函数上按如下方式进行：

$$(v'\psi)(r) = \int v'(r,\ r')\psi(r')\mathrm{d}r' \tag{4.113}$$

晶体的平移对称性要求式（4.112）满足：

$$v'(r + R_i,\ r' + R_i) = v'(r,\ r') \tag{4.114}$$

式（4.114）表明，两个宗量同时平移布拉维矢量时，v' 是不变的。

4.3.10 周期固体中的非局域势

回顾平移对称性对“局域”势及有关的量的影响：

$$v(r + R_i) = v(r)$$

$$\psi_k(r) = Ne^{ik\cdot r}u_k(r)$$

$$u_k(r + R_i) = u_k(r)$$

$$u_{n,k+G}(r) = \eta e^{-\boldsymbol{G}\cdot\boldsymbol{r}}u_{n,k}(r)$$

现引入内核 $M_{kk'}$，它满足如下关系：

$$M_{kk'}(r + R_i,\ r' + R_j) = e^{ikR_i}M_{kk''}(r,\ r')e^{-ik'R_j} \tag{4.115}$$

$$M_{k+G,\ k'+G}(r,\ r') = e^{-i\boldsymbol{G}\cdot\boldsymbol{r}}M_{kk'}(r,\ r')e^{iG'r} \tag{4.116}$$

可以证明，周期性为式（4.114）的内核可以唯一地表示为形式如式（4.116）的内核（用 $k = k'$）的布里渊区积分。

回到电子能量的计算上，单位原胞的“电子-离子”能量是：

$$E_{\text{el-ion}} = \sum_k w_k S \cdot \sum_{n=\mathrm{occ}} \langle u_{nk} | v'_{kk} | u_{nk} \rangle \tag{4.117}$$

式中，v'_{kk} 是 $v'(r,\ r')$ 的傅里叶变换：

$$v'_{kk}(r,\ r') = \frac{1}{N_{R_i}N_{R_j}} \sum_{R_i,R_j} e^{ik(R_i - r)}\, v'(r + R_i, r' + R_j)\, e^{-ik(R_j - r)} \tag{4.118}$$

虽然实空间晶格布拉维矢量有无穷多，但进行求和的格矢都要除以它们的总数，使得最后得到的是平均值，甚至对于周期固体也是确定的。

用以上定义，可得：

$$v_{\mathrm{lov},kk}(r,\ r') = v_{\mathrm{lov}}(r,\ r') = \delta(r - r')v_{\mathrm{loc}}(r) \tag{4.119}$$

$$\nabla_{kk} = \nabla + ik \tag{4.120}$$

如果把式（4.117）的“电子-离子”能量分解为“非局域”和“局域”两部分，可得到：

$$E_{\text{el-ion}} = \sum_k w_k S \cdot \sum_{n=\mathrm{occ}} \langle u_{nk} | v'_{\mathrm{NLkk}} | u_{nk} \rangle + \int_{\Omega_{0r}} v'_{\mathrm{loc}}(r)n(r)\mathrm{d}r \tag{4.121}$$

式（4.121）第一项是非局域赝势对“电子-离子”能量的贡献，第二项是局域部分的贡献。

4.3.11 总能计算公式小结

固体的总能是凝聚体系的能量与分离开的原子（电子和核）能量总和之差的负数。周期固体原胞的总能计算使用公式汇总如下：

$$E = T_0 + E_{\text{el-ion}} + E_{\text{xc}} + E_{\text{H}} + E_{\text{Ewald}} + E_{\Delta\text{psp-AE}}$$

$$T_0 = \sum_k w_k S \cdot \sum_{n=\text{occ}} \left\langle u_{nk} \left| -\frac{1}{2}(\nabla + ik)^2 \right| u_{nk} \right\rangle$$

$$E_{\text{el-ion}} = \sum_k w_k S \cdot \sum_{n=\text{occ}} \langle u_{nk} | v'_{\text{NL}kk} | u_{nk} \rangle + \int_{\Omega_{0r}} v'_{\text{loc}}(r) n(r) \mathrm{d}r$$

$$E_{\text{xc}} = \int_{\Omega_{0r}} [n(r) + n_{\text{c}}(r)] \cdot \varepsilon_{\text{xc}} [n(r) + n_{\text{c}}(r)] \mathrm{d}r$$

$$E_{\text{H}} = \frac{4\pi}{2} \Omega_{0r} \sum_{G \neq 0} \frac{|n(G)|^2}{G^2}$$

$$E_{\text{elsps}} = \left(\frac{1}{\Omega_{0r}} \sum_k Z_k \right) \cdot \left(\sum_k \int \left(V_k(r) + \frac{Z_k}{|r|} \right) \mathrm{d}r \right)$$

$$E_{\text{Ewald}} = \sum_{k,\lambda} Z_k Z_\lambda \left[\sum_{G \neq 0} \frac{4\pi}{\Omega_{0r}} e^{iG(\tau_k - \tau_\lambda)} \frac{1}{G^2} e^{-G^2/4P} + \sum_{\substack{i \\ R_j \neq 0, if k = \lambda}} \frac{erfc(\sqrt{P}x)}{x} \Big|_{x = |R_j + \tau_k - \tau_\lambda|} - \frac{2}{\sqrt{\pi}} \sqrt{P} \delta_{k\lambda} - \frac{\pi}{\Omega_{0r} P} \right]$$

$$E_{\text{Ewald}} = \frac{1}{2} \int_{\Omega_{0r}} \int \frac{I_{\text{Ewald}}(r, r')}{|r' - r|} \mathrm{d}r \mathrm{d}r'$$

价电子密度是：

$$n(r) = \frac{1}{\Omega_{0k}} \int_{\Omega_{0k}} S \cdot \sum_{n=\text{occ}} \frac{1}{\Omega_{0r}} u_{nk}^*(r) u_{nk}(r) \mathrm{d}k$$

式中，Ω_{0r} 是布里渊区体积。布洛赫函数的周期部分满足 $\langle u_{nk} | u_{n'k} \rangle = \delta_{nn'}$ 。

为了求这些波函数，先考虑尝试函数，并在式（4.52）的限制下，使原胞的总能最小。

思考和练习题

（1）波矢空间与倒格子空间有何关系？为什么说波矢空间内的状态点是准连续的？

（2）单电子理论是怎样将多体问题简化为周期场中单电子问题的？

（3）旺尼尔函数可用孤立原子波函数来近似的根据是什么？

（4）紧束缚模型下，内层电子的能带与外层电子的能带相比较，哪一个宽？为什么？

（5）应用紧束缚近似推导二维正三角晶体（相邻原子间距为 a ）s 态电子形成的能带 $E^s(k)$ ，计算相应电子的速度和有效质量的各分量。

（6）用紧束缚近似求简单立方、体心立方和面心立方晶体 s 态原子能级相对应的能带 $E^s(k)$ 函数。

5　交换-相关泛函和从头算分子动力学

5.1　交换-相关泛函

5.1.1　交换关联能近似

电子间的交换关联能泛函 $E_{xc}[n(r)]$ 表示的是所有其他多体项对总能的贡献。它的物理意思是，当单电子在一个多电子体系运动中，由于考虑电子之间的库仑排斥，电子与体系之间有交互关联作用。换句话说，就是在同一时刻两个电子不可能占据同一个位置，因此产生交换关联能 $E_{xc}[n(r)]$ 。在霍恩伯格-科恩-沈的理论框架下，多电子体系基态的薛定谔方程问题转化为有效的单电子方程问题，这种形式的描述比薛定谔方程更严密更简洁。但前提是处理好交换关联能之后，这个理论才有实际的应用价值。所以，交换关联能泛函在密度泛函理论中占有非常重要的地位。

5.1.2　局域密度近似（LDA）

1965 年科恩和沈提出了局域密度近似。局域密度近似的主要原理是假设非均匀电子体系的电荷密度的变化非常缓慢，可以将这个体系分成很多个足够小的体积元，近似地认为每个小体积元中的电荷密度是一个常数 $n(r)$ ，故在这样一个小体积元中的电子气分布是均匀的并且没有相互作用，且对于整个非均匀的电子体系总体来说，各个小体积元的电荷密度只与它所处的空间位置 r 有关。因此，交换关联能可以写成如下形式：

$$E_{xc}^{LDA} = \int n(r)\varepsilon_{xc}[n(r)]\mathrm{d}r$$

对应的交换关联势写为：

$$V_{xc}^{LDA}[n(r)] = \frac{\delta E_{xc}^{LDA}[n]}{\delta n} = \varepsilon_{xc}[n] + n\frac{\delta\varepsilon_{xc}[n]}{\delta n}$$

式中，$\varepsilon_{xc}[n]$ 特指均匀电子气中的交换关联能密度。

交换关联近似的形式多种多样，目前在 LDA 自洽从头算中用得最多的交换关联势是切珀利-阿尔德交换关联势，它是采用目前最精确的量子蒙特卡洛方法计算均匀电子气的结果，并由佩尔杜参数化得到的交换关联函数。一般分为交换和关联两个部分：

$$\varepsilon_{xc}[n] = \varepsilon_x[n] + \varepsilon_c[n]$$

由狄拉克给出的交换能可写为：

$$\varepsilon_x[n] = -C_x n(r)^{1/3}$$

式中，$C_x = \frac{3}{4}\left(\frac{3}{\pi}\right)^{1/3}$。

关联能的精确值最早由切珀利通过量子蒙特卡洛方法计算获得，而 $\varepsilon_{xc}(n)$ 由佩尔杜参数得到。

交换能形式为：$\varepsilon_x[T_s] = -\frac{0.9164}{r_s}$

关联能形式为：$\varepsilon_c[r_s] = \begin{cases} -0.2846/(1 + 1.0529\sqrt{r_s} + 0.3334r_s) \\ -0.0960 + 0.0622\ln r_s - 0.00232r_s + 0.004r_s\ln r_s \end{cases}$

式中，r_s 为维格纳-赛兹半径，在均匀电子气模型中，$r_s = \left(\frac{3}{4\pi n(r)}\right)^{1/3}$。

对于价电子 r 的值通常在 1~6 之间；对于芯电子而言 r_s 通常是小于 1 的。

LDA 近似一般适用于电子密度变化比较平缓的体系，对于一些强关联系统（如过渡金属和稀土金属等）缺陷是很明显的，因此需要对其进行一些适当的改进和修正。这就使得各种广义梯度近似（GGA）得到了发展的空间。

5.1.3 广义梯度近似

广义梯度近似就是在局域密度近似的基础上考虑电荷密度的梯度，换个说法就是，交换关联能密度不仅仅和该体积元内的局域电荷密度有联系，还跟邻近小体积元的电荷密度有关，这时就要考虑这个空间电荷密度的变化。考虑电荷密度分布的不均匀性，就要引入电荷密度梯度。此时：

$$E_{xc}[n] = \int n(r)\varepsilon_{xc}[n(r)]\mathrm{d}r + E_{xc}^{GGA}[n(r) \mid \nabla n(r) \mid]$$

近年来发展起来的广义梯度近似（GGA）已经有很多种样式，比较常见的交换关联能有佩尔杜-王（PW91）、佩尔杜-Burke-Emerhof（PBE）和贝克 88（16）。

需要说明的是，GGA 和 LDA 两种交换关联能近似没有孰优孰劣之分，只能由实际计算的体系来判定。

5.2 从头算分子动力学的理论基础

分子动力学技术可以最自然的方式模拟经典的分子系统，它整合了随时间变化的运动控制方程；生成的配置序列可以像电影一样运行，看起来非常逼真（或者至少根据对古典力学的日常经验，设想为逼真的）。属性是作为时间平均值收集的。在本书开头就遇到了分子动力学，在此推导跟踪硬球原子运动的算法。对于这种可能性，该算法需要反复将系统推进到下一个碰撞对，并处理随后的碰撞动力学。硬势对于许多应用而言并不足够现实，当转向更准确的软势时，将无法再应用非常有效的碰撞检测算法。相反，必须应用在数值模拟和分析的其他领域遇到的那种更传统的数值技术。这是本章的主要主题之一。但是，分子动力学的意义远不止是仅仅将现成的数值技术应用于运动方程。在开始讨论算法问题之前，值得回顾一下经典力学的标准公式。

5.2.1 古典力学

5.2.1.1 分子系统的原子力场模型

原子力场模型将物理系统描述为通过原子间力保持在一起的原子的集合。特别地，化学键由形成分子的原子之间相互作用的特定形状产生。相互作用定律由势 $U(\boldsymbol{r}_1, \cdots, \boldsymbol{r}_N)$ 指定，势表示 N 个相互作用的原子的势能随其位置 $\boldsymbol{r}_i = (x_i, y_i, z_i)$ 的变化。给定势，作用在第 i 个原子上的力由相对于原子位移的梯度（一阶导数的向量）确定：

$$\boldsymbol{F}_i = -\nabla_{\boldsymbol{r}_i} U(\boldsymbol{r}_1, \cdots, \boldsymbol{r}_N) = -\left(\frac{\partial U}{\partial x_i}, \frac{\partial U}{\partial y_i}, \frac{\partial U}{\partial z_i}\right)$$

自然地，“分子中的原子”的概念只是量子力学图的近似，其中分子由相互作用的电子和原子核组成。电子在一定程度上被许多原子核离域并“共享”，由此产生的电子云决定了化学键合。事实证明，这是一个非常好的近似，即绝热近似（波恩-奥本海默近似），基于核与电子之间的质量差异，可以将电子和核问题分开。

对于“重”核的每个瞬时（但在电子运动的时间尺度上是准静态的）配置，电子云都会快速“平衡”。原子核又在平均电子密度场中移动。结果可能引入势能表面的概念，该概念确定了原子核的动力学，而没有明确考虑电子。给定势能面，可以使用经典力学来跟踪原子核的动力学。

用隐式相互作用定律鉴定原子核与绝热势能面的原子核，就相互作用的原子而言，可以获得分子直观表示的严格证明。电子变量和核变量的分离还意味着，除了解决量子电子问题（在实践中可能是不可行的）外，还可以应用另一种策略，其中电子对原子核的影响将由经验势来表示。

寻找可以充分模仿真实能量表面的现实势能的问题并非易事，因为它导致了巨大的计算简化。原子力场模型和经典的分子动力学基于具有特定功能形式的经验势，类似于所研究系统的物理和化学性质。选择可调参数，使得经验势能代表从头开始的波恩-奥本海默表面的相关区域的良好拟合，或者它们基于实验数据。用于生物系统模拟的典型力场采用以下形式：

$$U(\boldsymbol{r}_1, \cdots, \boldsymbol{r}_N) = \sum_{\text{bonds}} \frac{a_i}{2}(l_i - l_{i0})^2 + \sum_{\text{angles}} \frac{b_i}{2}(\theta_i - \theta_{i0})^2 + \sum_{\text{torsions}} \frac{c_i}{2}[1 + \cos(n\omega_i - \gamma_i)] + \sum_{\text{atom pairs}} 4\varepsilon_{ij}\left[\left(\frac{\sigma_{ij}}{r_{ij}}\right)^{12} - \left(\frac{\sigma_{ij}}{r_{ij}}\right)^{6}\right] + \sum_{\text{atom pairs}} k\frac{q_i q_j}{r_{ij}}$$

其中，前三项的总和指数遍及系统共价结构定义的所有键、角和扭转角，而后两项的总和索引遍及所有成对的原子对（或点电荷 q_i 所占据的位点），距离 $r_{ij} = |\boldsymbol{r}_i - \boldsymbol{r}_j|$ 隔开且没有化学键。

从物理上讲，一方面，前两个术语根据其各自的平衡值和来描述键长 l_i 和键角 θ_i 的变形能。这些项的谐波形式（具有力常数 a_i 和 b_i）可确保正确的化学结构；另一方面，它可防止对化学变化（例如，键断裂）进行建模。第三项描述围绕化学键的旋转，其特征在于周期性的能量项（周期性由 n 确定，旋转势垒的高度由 c_i 定义）。第四个术语以兰纳-琼斯 12-6 势的形式描述了范德华排斥和吸引力（分散）原子间力。最后一个是库仑静电势，可以通过适当调整部分电荷 q_i（以及常数 k 的有效值）以及范德华参数 $\boldsymbol{\varepsilon}_{ij}$ 和 $\boldsymbol{\sigma}_{ij}$ 来解决由于特定环境引起的某些影响。

5.2.1.2 分子动力学算法

在分子动力学模拟中，一组相互作用粒子的时间演化通过牛顿运动方程的解来进行：

$$\boldsymbol{F}_i = m_i \frac{\mathrm{d}^2\boldsymbol{r}_i(t)}{\mathrm{d}t^2}$$

式中，$\boldsymbol{r}_i(t) = [x_i(t), y_i(t), z_i(t)]$ 是第 i 个粒子的位置矢量；$\boldsymbol{F}_i$ 是作用在力在时间 t 时第 i 个粒子；m_i 为颗粒的质量。

“粒子”通常对应于原子，尽管它们可以表示根据某种相互作用定律方便地描述的任何不同的实体（例如，特定的化学基团）。为了积分上述二阶微分方程，需要指定作用在粒子上的瞬时力及其初始位置和速度。由于问题的多主体性质，运动方程被离散化并通过数值求解。MD 轨迹由位置矢量和速度矢量定义，它们描述了系统在相空间中的时间演化。因此，使用数值积分器，例如 Verlet 算法，以有限的时间间隔传播位置和速度。空间中每个粒子的（时间变化）位置由 $\boldsymbol{r}_i(t)$ 定义，而速度 $\boldsymbol{v}_i(t)$ 决定系统中的动能和温度。当粒子在计算机上“移动”时，可以显示和分析其轨迹，从而提供平均属性。影响系统功能特性的动力学事件可以直接在原子水平上追踪，这使得 MD 在分子生物学中特别有价值。

5.2.1.3 运动方程的数值积分

牛顿运动方程的数值积分的思想是找到一个表达式，该表达式可以根据时间

t 的已知位置来定义时间 $t+\Delta t$ 的位置 $\boldsymbol{r}_i(t+\Delta t)$。由于其具有简单性和稳定性，Verlet 算法通常被用于 MD 仿真。该算法的基本公式可以从位置 $\boldsymbol{r}_i(t)$ 的泰勒展开式得出：

$$\boldsymbol{r}_i(t+\Delta t) \approx 2\boldsymbol{r}_i(t) - \boldsymbol{r}_i(t-\Delta t) + \frac{\boldsymbol{F}_i(t)}{m_i}(\Delta t)^2$$

上面的表达式在 Δt 的第四次幂之前都是准确的。可以通过位置计算速度，也可以像其他跳蛙法或速度 Verlet 方案一样显式传播速度。

精确的轨迹对应于无限小的积分步骤的极限。然而，期望使用可能较长的时间步长来采样较长的轨迹。实际上取决于系统中的快速运动。涉及轻原子的键（例如，O—H 键）以几飞秒的周期振动，这意味着应在亚飞秒级，以确保积分的稳定性。尽管在集成算法中可以消除对键长施加约束的最快而不关键的振动，但是在生物分子模拟中，很少会采用超过 5 个飞秒的时间步长。

根据哈密顿力学公式，运动方程写为一组一阶微分方程：

$$\begin{cases} \dfrac{\mathrm{d}\boldsymbol{r}_j}{\mathrm{d}t} = \dfrac{\boldsymbol{p}_j}{m} \\ \dfrac{\mathrm{d}\boldsymbol{p}_j}{\mathrm{d}t} = \boldsymbol{F}_j \end{cases} \tag{5.1}$$

5.2.2 计算力

整合方程所需的力量等式（5.1）来自原子内电势模型。力是势能的梯度。在最简单的情况下，电势是成对加成的并且是球对称的。原子 2 施加在原子 1 上的（矢量）力为：

$$\boldsymbol{F}_{2\to1} = -\nabla_{\boldsymbol{r}_1} u(r_{12}) = -\frac{\partial u(r_{12})}{\partial x_1}\mathbf{e}_x - \frac{\partial u(r_{12})}{\partial y_1}\mathbf{e}_y = -\frac{\mathrm{d}u(r_{12})}{\mathrm{d}r_{12}}\left(\frac{\partial r_{12}}{\partial x_1}\mathbf{e}_x + \frac{\partial r_{12}}{\partial y_1}\mathbf{e}_y\right)$$

$$= -\frac{f(r_{12})}{|\boldsymbol{r}_{12}|}(x_{12}\mathbf{e}_x + y_{12}\mathbf{e}_y)$$

式中，$f(r_{12}) = -\left.\dfrac{\mathrm{d}u(r)}{\mathrm{d}r}\right|_{r=r_{12}}$，$r_{12}=|\boldsymbol{r}_{12}|$。这里 r_{12} 是矢量差 $\boldsymbol{r}_2-\boldsymbol{r}_1$，特别地，

$$\boldsymbol{r}_{12} = (x_2 - x_1)\mathbf{e}_x + (y_2 - y_1)\mathbf{e}_y = x_{12}\mathbf{e}_x + y_{12}\mathbf{e}_y$$

这样就可以（以适用于任何维度的形式）有：

$$\boldsymbol{F}_{2\to1} = -f(r_{12})\frac{\boldsymbol{r}_{12}}{|\boldsymbol{r}_{12}|} = -f(r_{12})\,\hat{\boldsymbol{r}}_{12}$$

当然，这种关系满足牛顿的第三定律：

$$\boldsymbol{F}_{2\to1} = -\boldsymbol{F}_{1\to2}$$

作为示例，考虑兰纳-琼斯势模型（坐标如图 5.1 所示）：

$$u(r) = 4\varepsilon\left[\left(\frac{\sigma}{r}\right)^{12} - \left(\frac{\sigma}{r}\right)^{6}\right]$$

$$f(r) = -\frac{\mathrm{d}u}{\mathrm{d}r} = \frac{48\varepsilon}{\sigma}\left[\left(\frac{\sigma}{r}\right)^{13} - \frac{1}{2}\left(\frac{\sigma}{r}\right)^{7}\right]$$

$$\boldsymbol{F}_{2\to 1} = -\frac{48\varepsilon}{\sigma^2}\left[\left(\frac{\sigma}{r_{12}}\right)^{14} - \frac{1}{2}\left(\frac{\sigma}{r_{12}}\right)^{8}\right](x_{12}\mathbf{e}_x + y_{12}\mathbf{e}_y)$$

最好像势一样，以 r_{12} 的偶次幂来给出力。这意味着可以在计算力的同时避免进行昂贵的平方根计算。

兰纳-琼斯势和相应的力（即其大小）如图 5.2 所示。

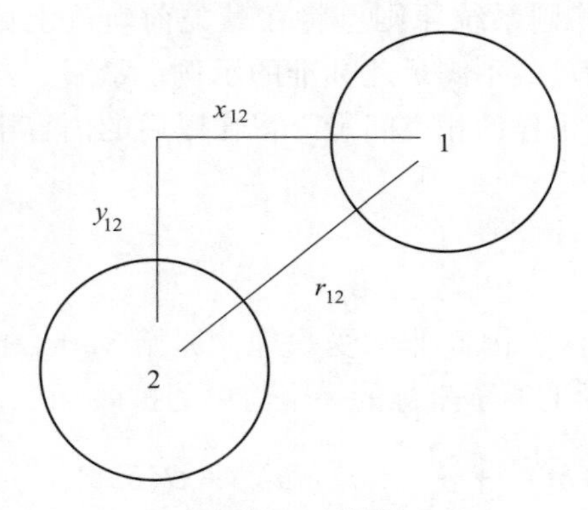

图 5.1 坐标图

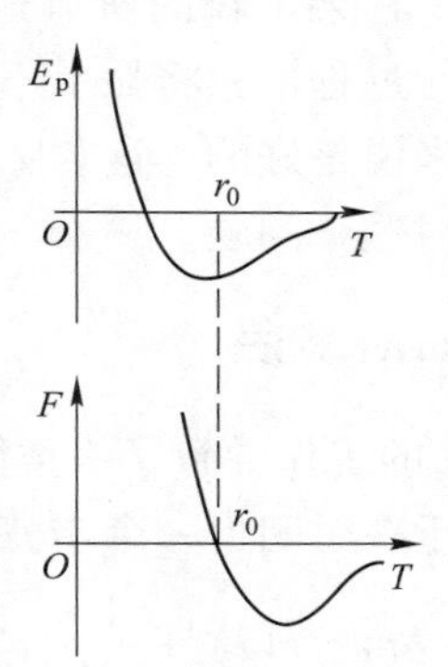

图 5.2 兰纳-琼斯势和相应的力

5.2.3 整合算法

集成一组一阶微分方程的常用方法是，通过有限差分近似导数的作用，使系统变量在离散时间 δt 中前进。方法以几种方式变化。一些方法利用轨迹的先验演化来近似高阶导数的影响。对于何时以及如何应用在评估控制微分方程右侧时获得的信息，可以进行选择。根据等式（5.1），在 MD 中，这些功能评估需要计算作用在每个原子上的力。在 MD 仿真中，力计算会消耗大量的 CPU 总时间（多达 90%），并且必须在每个时间步执行不超过一次。因此，大多数标准方法完全不适合 MD 模拟，因为它们没有节省力的计算（如 Runge-Kutta 将要求每个时间步长评估四次）。如果一个步长导致相应的步长相应增加，则可以证明对每个时间步长进行多次力评估是合理的（即两次力评估将使时间步长增加一倍以上）。在大多数 MD 计算中，由于力是非常迅速变化的非线性函数，尤其是在原子彼此排斥的区域中，因此无法实现这一比例。

因此，MD 积分器的理想功能之一就是将对力的计算需求降至最低。积分器也应该稳定，这意味着积分与正确轨迹的任何微小偏离都不会趋向于更大偏离。

从长远来看，积分器产生的偏离正确轨迹的量应尽可能小，因此它可能会很准确。但是，这种企图是错误的。多原子系统的详细动力学是复杂且混乱的。一个原子的坐标或动量位置的无穷小变化将迅速传播到所有其他原子，最终（可能突然）导致轨迹发生很大的、严重不成比例的偏差。由于在计算机中所有原子的位置和动量都保持为有限的精度，因此无论采用哪种算法，这种偏差都是不可避免的。已经通过使用经典力学代替正确的量子处理引入了更为严格的近似。比轨迹的绝对精度重要得多的是整个系统对能量和动量守恒的遵守，在这方面的失败意味着无法对正确的统计机械合奏进行采样。可以容忍节能的小幅波动，但不应有系统的漂移。积分器的另一个理想的（但不是必需的）特征是时间可逆。这意味着，如果在某个瞬间所有速度都反转了，则系统原则上将在其先前轨迹上回退。在进行过程中，将显示不同算法如何满足或不满足此标准的示例。最后，对于积分器来说是好的，这意味着它保留了要采样的相空间量。将在以后的内容中进一步探讨这个问题。

5.2.4 Verlet 算法

Verlet 的工作导致了一类简单有效的算法，因此非常受欢迎。原始 Verlet 的算法是基于在时间上一个步骤 δt 向前和向后的原子坐标的一个简单的扩展。

$$\boldsymbol{r}(t+\delta t)=\boldsymbol{r}(t)+\frac{1}{m}\boldsymbol{p}(t)\delta t+\frac{1}{2m}\boldsymbol{F}(t)(\delta t)^2+\frac{1}{3!}\dddot{\boldsymbol{r}}(t)(\delta t)^3+O(\delta t)^3$$

$$\boldsymbol{r}(t-\delta t)=\boldsymbol{r}(t)-\frac{1}{m}\boldsymbol{p}(t)\delta t+\frac{1}{2m}\boldsymbol{F}(t)(\delta t)^2-\frac{1}{3!}\dddot{r}(t)(\delta t)^3+O(\delta t)^3$$

上面两式相加，得：

$$\boldsymbol{r}(t+\delta t)+\boldsymbol{r}(t-\delta t)=2\boldsymbol{r}(t)+\frac{1}{m}\boldsymbol{F}(t)(\delta t)^2+O(\delta t)^3$$

移项后，会为下一步的位置提供一个方案：

$$\boldsymbol{r}(t+\delta t)=2\boldsymbol{r}(t)-\boldsymbol{r}(t-\delta t)+\frac{1}{m}\boldsymbol{F}(t)(\delta t)^2+O(\delta t)^3$$

注意，上一步的位置已保存，并用于在下一步投影位置。值得注意的是，这些职位的更新无需咨询速度。实际上，该方法的一个小缺点是永不计算动量。但是，如果希望知道它们（例如，计算动量温度），则可以通过有限差来估算：

$$\boldsymbol{p}(t)=\frac{m}{2\delta t}[\boldsymbol{r}(t+\delta t)-\boldsymbol{r}(t-\delta t)]+O(\delta t)^2$$

用位置改变量 Δr 来表示前一步的位置 $\boldsymbol{r}(t-\mathrm{d}t)$ 是有意义的，为此把迭代分为两步：

$$\Delta \boldsymbol{r}^{\text{new}} = \Delta \boldsymbol{r}^{\text{old}} + \frac{1}{m}\boldsymbol{F}(t)\delta t^2$$
$$\boldsymbol{r}^{\text{new}} = \boldsymbol{r}^{\text{old}} + \Delta \boldsymbol{r}^{\text{new}} \tag{5.2}$$

由于 $\Delta \boldsymbol{r}$ 的数量级和 δt 一样，一个优点是，在计算 δt 时我们不用使用高于一阶的项，意味着可以避免因机器精确度带来的误差。另一个优点是，可以更自然地处理周期性边界的影响。在原始公式中，如果原子移动后调用了周期性边界，则在评估差异时必须小心以最小的图像进行处理。在重新制定公式时，可以将周期边界应用于 $\boldsymbol{r}^{\text{new}}$ 而不影响 $\Delta \boldsymbol{r}$，因此这种编程错误不太可能发生。

如果引进的是基本符号的变化，将 $\Delta \boldsymbol{r}$ 写成动量 $(p/m)\delta t$ 的形式，等式（5.2）可以写成：

$$\boldsymbol{p}\left(t + \frac{1}{2}\delta t\right) = \boldsymbol{p}\left(t - \frac{1}{2}\delta t\right) + \boldsymbol{F}(t)\delta t$$
$$\boldsymbol{r}(t + \delta t) = \boldsymbol{r}(t) + \frac{1}{m}\boldsymbol{p}\left(t + \frac{1}{2}\delta t\right)\delta t \tag{5.3}$$

这些方程式构成了 Verlet 跳跃算法。尽管动量现在已明确显示，但在时间 t 进行评估（即在已知位置的同时）需要对周围半间隔的值进行插值。

$$\boldsymbol{p}(t) = \frac{1}{2}\left[\boldsymbol{p}\left(t + \frac{1}{2}\delta t\right) + \boldsymbol{p}\left(t - \frac{1}{2}\delta t\right)\right]$$

这表明，其中使用一个时间步长将速度积分的算法，该时间步长是用于推进位置的时间步长的一半。在速度 Verlet 算法中将这种方法系统化。工作公式是：

$$\boldsymbol{p}\left(t + \frac{1}{2}\delta t\right) = \boldsymbol{p}(t) + \frac{1}{2}\boldsymbol{F}(t)\delta t$$
$$\boldsymbol{r}(t + \delta t) = \boldsymbol{r}(t) + \frac{1}{m}\boldsymbol{p}\left(t + \frac{1}{2}\delta t\right)\delta t \tag{5.4}$$
$$\boldsymbol{p}(t + \delta t) = \boldsymbol{p}\left(t + \frac{1}{2}\delta t\right) + \frac{1}{2}\boldsymbol{F}(t + \delta t)\delta t$$

在第二步和第三步之间，针对第一步中获得的位置计算力。请注意，在第三步中添加到动量的力与在下一个时间增量处在第一步中增加动量的力相同。一次执行所有加法运算后，得到的只是跳跃算法的第一个方程，因此很容易看到它们产生相同的轨迹。速度 Verlet 处理的优点是与位置同时提供动量。

5.2.5 时间可逆性

Verlet 算法是时间可逆的。这意味着，在更改时间增量 t 的符号时，该算法将（原则上）回溯其刚刚执行的步骤，并不是说时间可逆性涉及算法的逆转。例如，测试时间可逆性不需要运行等式中的步骤。式（5.4）从第三个到第一个。

相反，只是将 δt 更改为 $-\delta t$，然后按照编写的顺序向前运行算法。时间不可逆算法的一个示例是简单的前向欧拉方法（顺便说一句，这是一种糟糕的算法）：

$$\begin{aligned}\boldsymbol{r}(t+\delta t) &= \boldsymbol{r}(t)+\frac{1}{m}\boldsymbol{p}(t)\delta t+\frac{1}{2m}F(t)(\delta t)^2 \\ \boldsymbol{p}(t+\delta t) &= \boldsymbol{p}(t)+\boldsymbol{F}(t)\delta t\end{aligned} \tag{5.5}$$

假设已经从时间 t_0 前进到 $t_0+\delta t$，那么如果随后应用 δt 替换为 $-\delta t$ 的算法，可以看到最终结果。下面使用下标 f 表示在正向遍历期间获得的坐标/动量，并使用 r 表示在反转时间获得的坐标/动量。

$$\begin{aligned}\boldsymbol{r}_{\mathrm{r}}(t_0+\delta t-\delta t) &= \boldsymbol{r}_{\mathrm{f}}(t_0+\delta t)+\frac{1}{m}\boldsymbol{p}_{\mathrm{f}}(t_0+\delta t)(-\delta t)+\frac{1}{2m}\boldsymbol{F}(t_0+\delta t)(-\delta t)^2 \\ \boldsymbol{p}_{\mathrm{r}}(t_0+\delta t-\delta t) &= \boldsymbol{p}_{\mathrm{f}}(t_0+\delta t)+\boldsymbol{F}(t_0+\delta t)(-\delta t)\end{aligned} \tag{5.6}$$

代入式（5.5）用于上式（5.6）的右手侧的相应术语。

$$\boldsymbol{r}_{\mathrm{r}}(t_0)=\left[\boldsymbol{r}_{\mathrm{f}}(t_0)+\frac{1}{2m}\boldsymbol{F}(t_0)\delta t^2\right]+\frac{1}{m}[\boldsymbol{F}(t_0)\delta t](-\delta t)+\frac{1}{2m}\boldsymbol{F}(t_0+\delta t)(-\delta t)^2$$

$$\boldsymbol{p}_{\mathrm{r}}(t_0)=[\boldsymbol{p}_{\mathrm{f}}(t_0)+\boldsymbol{F}(t_0)\delta t]+\boldsymbol{F}(t_0+\delta t)(-\delta t)$$

现在简化双方：

$$\boldsymbol{r}_{\mathrm{r}}(t_0)=\boldsymbol{r}_{\mathrm{f}}(t_0)+\frac{1}{2m}[\boldsymbol{F}(t_0+\delta t)-\boldsymbol{F}(t_0)](\delta t)^2$$

$$\boldsymbol{p}_{\mathrm{r}}(t_0)=\boldsymbol{p}_{\mathrm{f}}(t_0)-[\boldsymbol{F}(t_0+\delta t)-\boldsymbol{F}(t_0)]\delta t$$

这些方程式缺乏相等性，表明这些公式不是时间可逆的。之所以会出现这种情况，是因为在每个时间步的开始和结束时遇到的力都不以对称的方式进入；相反，请考虑对速度-Verlet 算法进行相同的分析。在根据等式进行一个时间步骤之后，对于式（5.4），将时间倒转并获得，首先获得半时增量的动量：

$$\boldsymbol{p}_r\left(t_0+\delta t-\frac{1}{2}\delta t\right)=\boldsymbol{p}_{\mathrm{f}}(t_0+\delta t)+\frac{1}{2}\boldsymbol{F}(t_0+\delta t)(-\delta t)$$

替换和简化式（5.4）：

$$p\left(t+\delta t-\frac{1}{2}\delta t\right)=p(t+\delta t)+\frac{1}{2}F(t+\delta t)(-\delta t)$$

$$r(t+\delta t-\delta t)=r(t+\delta t)+\frac{1}{m}p\left(t+\delta t-\frac{1}{2}\delta t\right)(-\delta t)$$

$$p(t+\delta t-\delta t)=p\left(t+\delta t-\frac{1}{2}\delta t\right)+\frac{1}{2}F(t+\delta t-\delta t)(-\delta t)$$

这表明在半步阶中获得了相同的动量。该算法接下来更新位置：

$$\boldsymbol{r}_{\mathrm{r}}(t_0+\delta t-\delta t)=\boldsymbol{r}_{\mathrm{f}}(t_0+\delta t)+\frac{1}{m}\boldsymbol{p}_r\left(t_0+\delta t-\frac{1}{2}\delta t\right)(-\delta t)$$

像以前一样替换和简化：

$$\boldsymbol{r}_{\mathrm{r}}(t_0 + \delta t - \delta t) = \left[\boldsymbol{r}_{\mathrm{f}}(t_0) + \frac{1}{m}\boldsymbol{p}_{\mathrm{f}}\left(t_0 + \frac{1}{2}\delta t\right)\delta t\right] + \frac{1}{m}\boldsymbol{p}_{\mathrm{r}}(t_0 + \delta t - \frac{1}{2}\delta t)(-\delta t)$$

$$\boldsymbol{r}_{\mathrm{r}}(t_0) = \boldsymbol{r}_{\mathrm{f}}(t_0) + \frac{1}{m}\left[\boldsymbol{p}_{\mathrm{f}}\left(t_0 + \frac{1}{2}\delta t\right) - \boldsymbol{p}_{\mathrm{r}}\left(t_0 + \frac{1}{2}\delta t\right)\right]\delta t$$

$$\boldsymbol{r}_{\mathrm{r}}(t_0) = \boldsymbol{r}_{\mathrm{f}}(t_0)$$

最后，再次更新动量：

$$\boldsymbol{p}_{\mathrm{r}}(t_0 + \delta t - \delta t) = \boldsymbol{p}_{\mathrm{r}}(t_0 + \delta t - \frac{1}{2}\delta t) + \frac{1}{2}\boldsymbol{F}(t_0 + \delta t - \delta t)(-\delta t)$$

变成：

$$\boldsymbol{p}_{\mathrm{r}}(t_0) = \boldsymbol{p}_{\mathrm{r}}\left(t_0 + \frac{1}{2}\delta t\right) - \frac{1}{2}F(t_0)\delta t$$

$$\boldsymbol{p}_{\mathrm{r}}(t_0) = \boldsymbol{p}_{\mathrm{f}}\left(t_0 + \frac{1}{2}\delta t\right) - \frac{1}{2}\boldsymbol{F}(t_0)\delta t$$

$$\boldsymbol{p}_{\mathrm{r}}(t_0) = \left[\boldsymbol{p}_{\mathrm{f}}(t_0) + \frac{1}{2}\boldsymbol{F}(t_0)\delta t\right] - \frac{1}{2}\boldsymbol{F}(t_0)\delta t$$

$$\boldsymbol{p}_{\mathrm{r}}(t_0) = \boldsymbol{p}_{\mathrm{f}}(t_0)$$

并演示了完全的时间可逆性。

5.3 从头算分子动力学的方案

MD 方法主要有两个系列，可以根据代表物理系统的模型（以及由此产生的数学形式主义）加以区分。在经典力学方法中，用于 MD 模拟的分子被视为经典对象，非常类似于“球棒”模型。原子对应于软球，弹性棒对应于键。经典力学定律定义了系统的动力学。量子或第一原理分子动力学模拟在 1980 年的卡和帕里内罗的开创性工作开始，采取明确地考虑化学键的量子性质，决定体系中键合的价电子的电子密度函数是使用量子方程式计算的，而离子（带有其内部电子的原子核）的动力学则遵循经典原理。

量子 MD 仿真代表了对经典方法的重要改进，但它们需要更多的计算资源。目前，只有经典的 MD 才能用于模拟包含纳秒级时间范围内数千个原子的生物分子系统。

解决这一问题的一种合理方法是结合量子力学和分子力学（QM/MM）方法。在这种混合方法中，分子势的一部分（例如，活性位点区域）通过量子力学计算确定，而分子势的其余部分则使用更快的分子力学力场计算来确定。QM/MM 方法的希望在于，它可以模拟活性位点处的键断裂和形成，同时仍然允许以有效且易计算的方式对扩展系统的作用进行建模。QM/MM 方法的关键特征是对截短的活性位点“QM 模型”执行了 QM 计算，在该模型中，大型配体已被去除并被封端原子取代。然后，对系统的其余部分进行分子力学计算，并结合连接的配体的作用以形成整个系统的势表面，其中 QM 和 MM 区域通过空间和静电势相互作用。

结合的 QM/MM 方法可以追溯到 1976 年瓦谢尔和莱维特的工作，但直到 1986 年辛格和科尔曼才开发出实用的 QM/MM 方案。尽管有悠久的历史，但是 QM/MM 方法作为一种实用的建模工具，直到最近才有 10 个受到重视，它是一种检查纯 QM 方法太大的扩展系统的实用建模工具。大多数应用都集中在溶剂化的处理以及蛋白质和核酸的模拟领域。在溶剂模拟领域，结合 QM/MM 方法已被证明可以正确模拟由于溶剂引起的活性位的电荷重组，并在冷凝相中提供准确的自由能垒。尽管这些复杂的大分子带来了巨大的挑战，但蛋白质的 QM/MM 建模也取得了成功。仅有 QM/MM 混合势才开始探索的领域是含过渡金属的催化体系，例如金属酶和有机金属络合物。

常规的电子结构计算可以归结为“静态”模拟。在这些计算中，通常通过在零温度极限下优化潜在表面上的固定点（最小和过渡态）来检查反应机理。毫无疑问，这些研究是有价值的，因为这些固定点在确定催化系统的动力学和热力学方面起着核心作用。但是，实际上，系统的有限温度自由能曲线可以直接与实验得出的速率常数和热力学性质相关。

可以使用经典的统计热力学在分子水平上绘制化学系统的相对自由能。在这里，有必要生成一系列配置，以对选定的统计集合进行采样。所得的总体平均值为计算出的热力学性质提供了基础。可以使用计算机模拟通过蒙特卡洛（MC）采样方法概率性地对集合采样，也可以通过分子动力学（MD）来确定性地通过整合牛顿运动方程来对集合进行采样。MC 和 MD 方法在研究化学系统方面有着悠久而多样的历史。它们包括对液态水、蛋白质和核酸的模拟。由于对一个集合进行正确采样的巨大成本，传统上并未使用高级量子力学方法；相反，由于它们的计算效率，经验分子力学力场已用于这些模拟。如前所述，分子力学方法的主要缺点是无法正确模拟化学反应，过渡金属络合物也存在问题。对于这些问题情况（和其他情况），传统上是通过常规的“静态”电子结构计算来计算有限的温度自由能曲线。该方法涉及基于谐波频率计算在每个固定点构造一个近似分配函数。当反应势垒很高且势能表面具有高曲率时，检查有限温度自由能表面的“静态”方法最有效。然而，当潜在表面是平坦的并且分子系统具有高度的构型变异性时，静态方法将变得效率低下且乏味。

过渡金属基催化剂体系（尤其是那些易于发生中间化学转化的体系）的势能表面，可能平坦也可能非常复杂。这通常意味着熵和其他有限的温度效应在确定系统的反应性方面起着重要作用。近来，计算能力的飞速发展使得分子动力学（和 MC）技术得以应用于 QM 级别。使用这种方法，即从头算起的分子动力学，势能面是通过完整的电子结构计算生成的，而不是分子力学力场。这使得传统的、公认的分子动力学技术可以用于研究化学反应和基于过渡金属的系统。

结合的 QM/MM 方法包括将系统划分为 QM 和 MM 区域，从而部分地通过量子力学电子结构计算和部分通过分子力学力场计算来确定分子势。目前已经提出了许多不同的方法来耦合两种类型的计算，以便生成单个混合势能面。

思考和练习题

（1）简述分子动力学模拟的基本步骤。

（2）已知势的模型 $U(r) = 4\varepsilon\left[\left(\frac{\sigma}{r}\right)^{12} - \left(\frac{\sigma}{r}\right)^{6}\right]$，写出力的表达式。

（3）简述初始化的方法。

（4）简述趋衡的过程并讨论动能、势能及总能趋衡的特点。

（5）简述量子力学和分子力学的耦合方式。

6 电子结构计算中常用的数学库和算法

前5章的计算常涉及求导、积分、傅里叶变换、矩阵和张量的计算。由于没有解析解，所以只能做数值计算。数值计算是对各种数学问题通过数值运算，得到数值解答的方法和理论。因为研究的是数学问题，所用的方法是数学方法，因此也称为数值数学。数值分析是总称，对一个数学问题通过数值运算得到数值解答的方法称为数值方法，如果数值方法可以在计算机上实现就称为数值算法。

解线性代数方程组的直接法和迭代法、解非线性方程的迭代法、代数插值、函数逼近、数值积分与数值微分等。

本章介绍电子结构计算中常用的数学库和常用算法，让读者对电子结构计算的过程有大概的了解。

6.1 电子结构计算中常用的数学库

6.1.1 矩阵化和矩阵计算

波函数可以写成列矩阵，算符也可以矩阵化。那么HF方程或者KS方程也可以写成矩阵方程，求解就是矩阵计算问题。

矩阵化和矩阵计算包括矩阵基本函数运算、矩阵元素的提取、对角阵与三角阵的生成、向量和子矩阵的生成等。

6.1.2 张量和张量求偏导

在弹性力学中，应力张量和应变张量是很重要的概念。因此，电子结构计算必定会涉及张量的计算。张量是高阶矩阵，也有固定的计算规则，只是常人不好直观了解而已。张量计算比矩阵计算要复杂，类似求偏导比求导复杂一样。

6.1.3 求偏导和梯度下降计算

梯度下降法是一种最优化算法，经常用来优化参数，通常也称为梯度下降法。

梯度下降法一般分为如下两步：

(1) 首先对参数 θ 赋值，这个值可以是随机的，也可以让 θ 是一个全零的向量；

（2）改变 θ 的值，使得 $J(\theta)$ 按梯度下降的方向进行减少。

6.1.4　群论

SgInfo 是采用 ANSIC 写的函数库，用于生成对称矩阵，并且可以推出国际表卷 A 空间组名称和编号、晶体系统、点群、劳厄群和半不变向量与模。仅从对称矩阵就可以协助处理倒空间中的对称性，并可方便地在线访问第一卷（1952 年）（ITVI）和第 A 卷（1983 年）（ITVA）所列的所有空间组，共 530 个设置。

6.2　电子结构计算中常用的算法

数学建模常用的十大算法。

（1）蒙特卡罗算法。该算法又称随机性模拟算法，是通过计算机仿真来解决问题的算法，同时可以通过模拟检验自己模型的正确性，几乎是比赛时必用的方法。

（2）数据拟合、参数估计、插值等数据处理算法。比赛中通常会遇到大量的数据需要处理，而处理数据的关键就在于这些算法，通常使用 MATLAB 作为工具。

（3）线性规划、整数规划、多元规划、二次规划等规划类算法。建模竞赛大多数问题属于最优化问题，很多时候这些问题可以用数学规划算法来描述，通常使用 Lindo、Lingo 软件求解。

（4）图论算法。这类算法可以分为很多种，包括最短路、网络流、二分图等算法，涉及图论的问题时可以用这些方法解决，需要认真准备。

（5）动态规划、回溯搜索、分治算法、分支定界等计算机算法。这些算法是算法设计中比较常用的方法，竞赛中很多场合会用到。

（6）最优化理论的三大非经典算法：模拟退火算法、神经网络算法、遗传算法。这些问题是用来解决一些较困难的最优化问题的，对于有些问题非常有帮助，但是算法的实现比较困难，需慎重使用。

（7）网格算法和穷举法。两者都是暴力搜索最优点的算法，在很多竞赛题中有应用，当重点讨论模型本身而轻视算法的时候，可以使用这种暴力方案，最好使用一些高级语言作为编程工具。

（8）一些连续数据离散化方法。很多问题都是从实际来的，数据可以是连续的，而计算机只能处理离散的数据，因此将其离散化后采用差分代替微分、求和代替积分等思想是非常重要的。

（9）数值分析算法。如果在比赛中采用高级语言进行编程的话，那些数值分析中常用的算法（比如，方程组求解、矩阵运算、函数积分等算法）就需要额外编写库函数进行调用。

（10）图像处理算法。赛题中有一类问题与图形有关，即使问题与图形无关，论文中也会需要图片来说明问题，这些图形如何展示以及如何处理就是需要解决的问题，通常使用 MATLAB 进行处理。

和电子结构计算密切相关的包括数值积分、递归、蒙特卡洛等。

6.2.1 数值积分

6.2.1.1 Simpson 公式算法设计

（1）通过已知得出积分上下限及其被积函数 a，b，$f(x)$。

（2）按公式计算得 $k=(a+b)/2$;$s=[(b-a)/6)]\times[1/(a\times a-1)+4\times(1/(k\times k-1))+1/(b\times b-1)]$。

6.2.1.2 复合 Simpson 公式算法设计

（1）通过已知得出积分上下限及其被积函数 a，b，$f(x)$。

（2）$S_{2m}=\frac{h}{3}\left[f(a)+f(b)+2\sum_{k=1}^{m-1}f(x_{2k})+4\sum_{k=0}^{m-1}f(x_{2k+1})\right]$,$h=(b-a)/2m$。

6.2.1.3 复合梯形公式算法设计

（1）利用余项 $R[T_n]=\sum_{k=0}^{n-1}R_k[f]=-\frac{b-a}{12}h^2f''(\xi)$，式中，$h=\frac{b-a}{n}$，得出 n 的大小。

（2）通过已知得出积分上下限及其被积函数 a，b，$f(x)$。

（3）利用公式 $T_n=\frac{h}{2}[f(a)+f(b)+2\sum_{k=1}^{n-1}f(x_k)]$ 得出积分结果。

6.2.1.4 复合抛物线公式算法设计

（1）利用余项 $R(S_{2m})=\int_a^b f(x)\mathrm{d}x-S_{2m}=-\frac{b-a}{180}h^4f^{(4)}(\xi)$ 得出 n 的大小，式中 $h=\frac{b-a}{2m}$。

（2）通过已知得出积分上下限及其被积函数 a，b，$f(x)$。

（3）利用公式 $S_{2m}=\frac{h}{3}\left[f(a)+f(b)+2\sum_{k=1}^{m-1}f(x_{2k})+4\sum_{k=0}^{m-1}f(x_{2k+1})\right]$ 得出积分结果。

6.2.1.5 龙贝格公式算法设计

（1）计算 $T_0^{(0)}$：$T_0^{(0)}=\frac{b-a}{2}[f(a)+f(b)]$。

（2）对分区间 $[a, b]$ 并计算 $T_0^{(1)}$ 和 $T_0^{(i)}$：

$$T_0^{(1)} = \frac{1}{2}T_0^{(0)} + \frac{b-a}{2}f\left(\frac{a+b}{2}\right), T_0^{(i)} = \frac{1}{2}T_0^{(i-1)} + \frac{b-a}{2^i}\sum$$

式中，$\sum$ 为新分点的函数值之和。

（3）计算 $T_1^{(0)}$ 与 $T_1^{(i)}$：

$$T_1^{(0)} = \frac{2^2 T_0^{(1)} - T_0^0}{2^2 - 1}, T_1^{(i)} = \frac{2^{2k} T_0^{(i+1)} - T_0^i}{2^{2k} - 1}$$

（4）利用外推公式：

$$T_k^{(i)} = \frac{2^{2k} T_{k-1}^{(i+1)} - T_{k-1}^i}{2^{2k} - 1} \quad (k = 1, 2, \cdots, n), (i = 0, 1, 2, \cdots, m-k),$$

直至求出 $T_m^{(0)}$。

判断 $|T_m^{(0)} - T_{m-1}^{(0)}| \leqslant \varepsilon$ 是否真，式中，ε 为给定的精度。若真，则 $I[f] \approx T_m^{(0)}$；否则，重复（2）~（4）的计算。

6.2.2 递归

求阶乘的函数，使用 for 循环或者 while 循环都可以，但是递归却完全用不上这两个循环。

```
public static int factorial (int a) {
if (a==0 || a==1) {
  return 1;
}
return a* factorial (a-1);
}
```

上面的代码就是递归求阶乘的方法，其中 a 是需要传入的参数，比如要求 5 的阶乘就传入 5，这样 factorial 函数最终的返回值为 120。

这段代码的第 3 行到第 5 行处理了基准情况，在这个情况下，函数的值可以直接算出而不用求出递归。就像上述提到的函数 $f(x) = 2f(x-1) + x$；如果没有 $f(0) = 0$这个事实，在数学上没有意义一样。在编程中，如果没有基准情况也是无意义的。第 7 行执行的是递归调用。

所以，设计递归算法，需要包含以下两个基本法则：

（1）基准情形（Base Case），必须要有某些基准的情形，在这个情形中，不执行递归就能求解。

（2）不断推进（Making Progress），对于需要递归求解的情形，递归调用必须总能够朝着一个基准情形推进。这样的话，不断推进到基准情形，到达基准情形的时候递归才会推出，得到返回值。

n 阶矩阵行列式的求解也可以使用上面这个递归算法，同样要注意两个要素：基准情形、不断推进。不过，n 阶矩阵行列式涉及算法复杂度的问题。一般来说，算法的复杂度为 $O(n!)$，这意味着它的运行速度很慢，随着问题规模的增长，时间会大幅度增长。计算 3×3 到 7×7 内规模的矩阵，电脑都可以秒算出来，但是如果是一个 10×10 的矩阵，电脑需要 54s，到了 11×11 时间将会变得更长。7×7 矩阵需要递归 517 次，到了 10×10 需要大约 260 万次递归运算才能得到结果。可见，问题规模增长后时间的开销是十分巨大的。

6.2.3 蒙特卡罗算法

蒙特卡罗算法，又称随机抽样方法，是一种与一般数值计算方法有本质区别的计算方法，属于试验数学的一个分支，起源于早期的用几率近似概率的数学思想，它利用随机数进行统计试验，以求得的统计特征值（如均值、概率等）作为待解问题的数值解。随着现代计算机技术的飞速发展，蒙特卡罗算法已经在原子弹工程的科学研究中发挥了极其重要的作用，并正日益广泛地应用于物理工程的各个方面，如气体放电中的粒子输运过程等。

思考和练习题

（1）就电子结构计算而言，常用数学库主要应用在哪些方面？
（2）就电子结构计算而言，常用算法主要应用在哪些方面？
（3）归纳常用数学软件（模块）使用的典型算法。

7 后　记

前6章介绍了关于电子结构计算方面入门的知识。剩下的是分子和周期性结构的计算、密度泛函形式的拟合、量子场论的持续应用、算法的优化等。本章介绍这些方面的部分知识，让读者有个大概的认识。

7.1 分子计算

分子计算，能够研究诸多的科学问题，例如：

（1）化学反应过程，如稳态及过渡态结构确定、反应热、反应能垒、反应机理及反应动力学等。

（2）各类型化合物稳态结构的确定，如中性分子、自由基、阴、阳离子等。

（3）各种谱图的验证及预测，如IR、Raman、NMR、UV/Vis、VCD、ROA、ECD、ORD、XPS、EPR、Franck-Condon及超精细光谱等。

（4）分子各种性质，如静电势、偶极矩、布居数、轨道特性、键级、电荷、极化率、电子亲和能、电离势、自旋密度、电子转移、手性等。

（5）热力学分析，如熵变、焓变、吉布斯自由能变、键能分析及原子化能等。

（6）分子间相互作用，如氢键及范德华作用。

（7）激发态，如激发态结构确定、激发能、跃迁偶极矩、荧光光谱、磷光光谱、势能面交叉研究等。

在计算过程中应注意加强理论基础的学习，较好的教材如下：

（1）LEVINE_ Physical_ Chemistry_ 6th；

（2）ATKINS Physical_ Chemistry_ 8th；

（3）Levine_ Quantum Chemistry_ 2th；

（4）福井谦一_化学反应与电子轨道；

（5）陈敏伯_计算化学——从理论化学到分子模拟；

（6）科顿_群论在化学中的应用；

（7）徐光宪_量子化学；

（8）徐光宪_物质结构。

7.2 周期性结构计算

周期性结构计算，能够研究诸多的科学问题，例如：

（1）单点能量计算。单点能量计算可以指定系统的总能量，以及它的物理性质。

除了总能量，原子上的力也会在计算结束时报告。还创建了一个电荷密度文件，允许使用可视化工具直接观察电荷密度的空间分布。能量任务对于研究可靠的结构信息体系的电子特性是非常有用的。只要指定了应力特性，它也可以用来计算没有内部自由度的高对称系统的状态方程（即压力体积和/或能量-体积依赖）。

（2）几何结构优化。几何优化任务允许优化几何结构，以获得一个稳定的结构或多态性。这是通过执行一个迭代的过程来完成的。在这个过程中，原子的坐标和可能的原胞参数被调整，从而使结构的总能量是最小的。

几何优化基于减小计算力和应力的大小，直到它们变得小于定义的收敛误差。此外，还可以指定一个外部应力张量，来模拟张力、压缩、剪切等情况下系统的行为。在这些情况下，内部应力张量是迭代的，直到它等于施加的外部应力。

（3）动力学任务。动力学任务可以模拟一个结构中的原子在计算力的影响下如何移动。

（4）弹性常量的任务。该计算提供所有必要的信息来获取具有任何对称周期性结构的全部 6×6 张量弹性常量。

在计算弹性常量之前没有必要进行几何优化，因此可以为实验观测的结构生成 C_{ij} 数据。然而，如果执行完整的几何优化，包括原胞优化，然后计算与理论基态相对应的结构的弹性常数，则会得到更一致的结果。

（5）过渡状态搜索任务。当一个分子或晶体结构被建造时，通常需要把它优化成稳定的几何结构。改进过程是一个迭代的过程，在这个过程中，原子的坐标被调整，使结构的能量被带到一个定点，即该点的原子受的力是零。过渡态是一个定点，它在一个方向上的能量最大（反应坐标的方向），在其他所有方向上能量最小。

在化学反应过程中，总能量自然变化。从反应物开始，能量增加到最大值然后降低到生成物的能量。反应路径上的最大能量称为活化能。与这种能量相对应的结构称为过渡态。TS Search 任务对于预测化学反应的势垒和决定反应途径特别有用。它还可以用于寻找固体扩散或表面扩散的扩散势垒。

（6）属性。属性任务允许在完成单点能量、几何优化或动力学运行之后计算电子、结构和振动特性。

可以生成的属性如下：

1）带结构。在布里渊区，在模拟过程中使用电子电荷密度和电位，沿高对称方向的电子特征值在价层和导带是非自洽的。

2）态密度。使用电子电荷密度和在模拟过程中产生的电势，在一个 fine Monkhorst-Pack grid 的价带和导带中的电子特征值是非自洽的。

3）电子密度差。对原子密度的线性组合或结构中包含的原子集合密度的线性组合的电子密度差。

4）NMR。计算化学屏蔽张量和电场梯度。

5）光学性质。计算电子带间跃迁的矩阵元素，可以用来生成网格和包含可测量的光学属性的图表文档。

6）轨道。提供关于电子波函数的信息。这允许可视化各种电子状态（轨道）的三维分布。此信息还需要对 STM 配置文件进行可视化。

7）声子。对于声子色散的运行，声子频率和沿着布里渊区的高对称方向的特征向量进行计算。在声子密度的计算中，声子频率和特征向量是通过 Monkhorst-Pack grid 计算的。在分析过程中需要这些信息，以显示所有状态的总声子密度。它也被用来计算热力学性质。

8）极化率和红外光谱。随着红外强度（反应电场在红外范围）变化的光学（$\omega=\infty$）和直流（$\omega=0$）介电常数或光学（$\omega=\infty$）和静态（$\omega=0$）分子极化率被计算。介电常数与固体材料有关，而极化率和红外强度与用超胞方法构建的分子有关。

9）布局分析。Mulliken analysis 被执行。计算了键数和角动量解析的原子电荷（以及自旋极化计算的磁矩）。另外，还生成了状态部分密度（PDOS）计算所需的权重。

10）应力。应力张量的计算是有用的，例如，执行一个几何优化运行，其中的单元参数是固定的，可以检查晶格到平衡位置的距离是多少。例如，一个点缺陷的超细胞研究应该与给定系统的理论基态相对应的固定原胞一块进行。在几何优化后的应力值给出了与超级细胞近似有关的弹性效应的大小的提示。

（7）在固体中模拟无序。许多晶体结构具有静态的位置无序。过定义混合原子来模拟无序。

1）混合原子。无序晶体中的原子位置可以用一个混合原子来描述，它由两个或多个元素类型组成。相对浓度可以设置为任意数量的原子，其中总浓度必须是 100%。混合原子描述是固体溶液、金属合金、无序矿物等的最常用表现形式。

2）技术上的限制。目前，CASTEP 的分子动力学（MD）算法的实现与虚拟晶体近似（VCA）还不相容，VCA 是用来在固体中建立无序模型的。在目前的版本中，没有任何一个 MD（NVE、NPT 等）为无序晶体工作。

以下属性对于无序系统是不可用的：1）数量分析；2）振动性质（声子色散，声子态密度）；3）光学性质；4）基于 damped MD 的几何优化是不可用的（因为 MD 本身是不允许的）。

在计算过程中应注意加强理论基础的学习，较好的教材如下：

1）Martin Electronic Structure：Basic Theory and Practical Methodse；

2）胡英，密度泛函理论；

3）Sholl，Density Functional Theory：A Practical Introduction。

7.3 密度泛函形式的拟合

密度泛函形式的拟合就是所谓的自洽场（Self-Consistent Field，SCF）方法。Kohn-Sham 方程就是其中能量、电子密度的具体计算方法。DFT 为什么不像有限元一样可以给出计算的进度条，就是因为它自己也不知道要算多久，整个计算完全就是拼命迭代寻找全局最小值。同一个模型用同样的精度给同一台电脑算，可能第一次算要迭代 20 步，再算就要迭代 50 步了（当然实际情况一般不可能差这么多步），而且得出的结果也会有细微的差别。

拟合的步骤如下：

（1）建立氢气分子、氦气分子、水分子、苯分子等小体系的薛定谔方程，求出解析解，作为拟合的标准。

（2）LDA 假定交换关联泛函只和密度有关，然后通过泰勒展开的办法，展开到多少项，然后用待定系数法确定的。

（3）GGA 在 LDA 的基础上额外加入了密度的梯度，然后也是待定系数拟合的有些体系有解析解。

这部分内容需要参考一些近年文献。

参 考 文 献

[1] Heisenberg W, Physik Z, 49, 31 (1928).

[2] Dagotto E, Hotta T, Moreo A, Phys. Rep., 344, 1 (2001).

[3] Dzyaloshinskii I, Phys Sov. JETP 19, 960 (1964).

[4] Moriya T. Phys Rev., 120, 91 (1960).

[5] Sergienko I A, Dagotto E, Phys. Rev. B 73, 094434 (2006).

[6] Sergienko I A, Sen C, Dagotto E. Phys. Rev. Lett., 97, 227206 (2006).

[7] Li Q C, Dong S, Liu J M, Phys. Rev. B 77, 054442 (2008).

[8] Pfleiderer C, Julian S R, Lonzarich G G. Nature (London) 414, 427 (2001).

[9] Doiron-Leyraud N, Walker I R, Taillefer L, et al. Lonzarich, Nature (London) 425, 595 (2003).

[10] Pfleiderer C, Reznik D, Pintschouvius L, et al. Nature (London) 427, 227 (2004).

[11] Ishikawa Y, Tajima K, Bloch D, et al. Solid State Commun. 19, 525 (1976).

[12] Shirane G, Cowley R, Majkrzak C. Phys. Rev. B 28, 6251 (1983).

[13] Uchida M, Onose Y, Matsui Y, et al, Science 311, 359 (2006).

[14] Ising E. Z. Phys. 31, 253 (1925).

[15] Peierls R E. Proc. Camb. Phil. Soc. 32, 477 (1936) .

[16] Onsager L. Phys. Rev. 65, 117 (1944).

[17] Kaufman B, Onsager L. Phys. Rev. 76, 1244 (1949).

[18] Wilson K G. Phys. Rev. B 4, 3174 (1971).

[19] Wilson K G, Kogut J. Phys. Reports 12C, 75 (1974).

[20] Wilson K G. Rev. Mod. Phys. 47, 773 (1975).

[21] Zhang Z D. Philosophical Magazine, 87 (34), 5309-5419 (2007).

[22] Kramers H A, Wannier G H. Phys. Rev. B 60, 252 (1941).

[23] Baxter R J. Exactly Solved Models in Statistical Mechanics [M]. Academic Press, London, 1982.

[24] 北京大学物理系,《量子统计物理学》编写组. 量子统计物理学 [M]. 北京: 北京大学出版社, 1987.

[25] Yang C N, Phys. Rev. 85, 809 (1952).

[26] Gennes P G de. Solid State Commum. 1, 132 (1961).

[27] Kaneyoshi T, Fittipaldi I P, Honmura R, et al. Phys. Rev B 24, 481 (1981).

[28] Sykes M F, Essam J W, Gaunt D S. J. Math. Phys. 6, 283 (1965).

[29] Sykes M F, Gaunt D S, Essam J W, et al. J. Phys. A 6, 1507 (1973).

[30] Metropolis N, Rosenbluth A W, Rosenbluth M N, et al. J. Chem. phys. 21, 1087 (1953).

[31] Binder K. Monte Carlo method in Statistical Physics [M]. Springer-Verlag, 1978.

[32] Binder K. Application of the Monte Carlo Simulation in Statistical Physics [M]. Springer, 1987.

[33] Binder K, Heermann D M. Monte Carlo Simulation in Statistical Physics [M]. Springer, 2002.

[34] Landou D P, Binder K. A Guide to Monte Carlo Simulation in Statistical Physics [M]. Cambridge, 2000.

[35] Liu J S. Monte Carlo Strategies in Scientific Computing [M]. Springer, 2001.

[36] 冯端，金国钧 . 凝聚态物理学（上卷）[M]. 北京：高等教育出版社，2003.

[37] Parr R G, Yang W. Density Functional Theory of Atoms and Molecules [M]. Oxford, New York, 1989.

[38] Dreizler R M, Gross E K U. Density Functional Theory [M]. Springer-Vertag, Berlin, 1990.

[39] Kohn W. Rev. Mod. Phys. B 71 (1999) 1253.

[40] Born M, Huang K. Dynamical Theory of Crystal Lattices [M]. Oxford Universities Press, Oxford, 1954.

[41] Slater J C. Phys. Rev. 51 (1937) 846.

[42] Levy M. Phys. Rev. A 26 (1982) 1200.

[43] Fock V, Z. Phys. 61 (1930) 209.

[44] 吴代鸣 . 固体物理学 [M]. 长春：吉林大学出版社，1996.

[45] 吴兴惠，项金钟 . 现代材料计算与设计教程 [M]. 北京：电子工业出版社，2002.

[46] 李正中. 固体物理 [M] . 北京：高等教育出版社，2002.

[47] Thomas H. Proc. Camb. Phil. Soc. 23 (1927) 542.

[48] Fermi E. Accad. Naz. Lincei 6 (1927) 602.

[49] Hohenberg P, Kohn W. Phys. Rev. B 136 (1964) 864.

[50] Kohn W, Sham L J, Phys. Rev. A 140 (1965) 1133.

[51] Capelle K, Vignale G. Phys. Rev. Lett. 86 (2001) 5546.

[52] Kohn W, Sham L J, Phys. Rev. 140 (1965) 1133.

[53] Runge E, Gross E K U. Phys. Rev. Lett. 52 (1984) 997.

[54] Gross E K U, Kohn W. Phys. Rev. Lett. 55 (1985) 2850.

[55] Yang W, Ayers P W, Wu Q. Phys. Rev. Lett. 92 (2004) 146404.

[56] Luders M, et al. J. Phys.: Cond. Mat. 13 (2001) 8587.

[57] Stowasser R, Hofmann R. J. Am. Chem. Soc. 121 (1999) 3414.

[58] Slater J C. Phys. Rev. 81, 385 (1951).

[59] Ceperley D M, Alder B L. Phys. Rev. Lett. 45 (1980) 566.

[60] Perdew T P, Zunger A. Phys. Rev. B 23 (1981) 5048.

[61] Martin R M. Electronic Structure: Basic Theory and Practical Methods [M] . Cambridge University Press, New York, 2004.

[62] Kohn W. Phys. Rev. Lett. 76 (1996) 3168.

[63] Becke A D. Phys. Rev. A 38 (1988) 3098.

[64] Burke K, Perdew J P, Wang Y. Electronic Density Functional Theory: Recent Progress and New Directions [M]. Plenum, 1998.

[65] Perdew J P. Phys. Rev. B 33, 8822 (1986).

[66] Perdew J P, Burke K, Ernzerhof M. Phys. Rev. Lett. 77 (1996) 3865.

[67] Lee C, Yang W, Parr R G. Phys. Rev. B 37 (1984) 785.

[68] Bagno P, Jepson O, Gunnaisson O. Phys. Rev. B 40 (1989) 1997.
[69] Singh D J, Pickett W E. Phys. Rev. B 44 (1991) 7715.
[70] Dufek P, Blaha P, Sliwko V, et al. Phys. Rev. B 49 (1994) 10170.
[71] Mishra S K, Ceder G. Phys. Rev. B 59 (1999) 6120.
[72] Filippi C, Umrigar C J, Taut M. J. Chem. Phys. 100 (1994) 1290.
[73] Xu X, Goddard Ⅲ W A. Proc. Natl. Acad. Sci. USA 101 (2004) 2673.
[74] Perdew J P, Kurth S, et al. Phys. Rev. Lett. 82 (1999) 2544.
[75] Tao J, Perdew J P, et al. Phys. Rev. Lett. 91 (2003) 146401.
[76] Becke A D. J. Chem. Phys. 98 (1993) 1372.
[77] Becke A D. J. Chem. Phys. 98 (1993) 5848.
[78] Anisimov V I, Zaanen J, Andersen O K. Phys. Rev. B 44 (1991) 943.
[79] Burke K, Gross E K U. Density Functionals: Theory and Applications [M]. Edited by D. Joubert, Springer, Berlin 1998.
[80] Stoll H, Pavlidou C M E, Preuss H. Theor. Chim. Acta 49 (1978) 143.
[81] Rajagopa A K, Callaway J. Phys. Rev. B 7 (1973) 1912.
[82] Vignale V I, Ogut S, Chelikowsky J R. Phys. Rev. Lett. 59 (1987) 2360.
[83] Baroni S, Gironcoii S de, et al. Rev. Mod. Phys. 73 (2001) 515.
[84] Beck T L. Rev. Mod. Phys. 72 (2000) 1041.
[85] Ellis D E. Int. J. Quant. Chem. Symp. 2 (1968) 35.
[86] Herring C. Phys. Rev. 57 (1940) 1169.
[87] Hamann D R, Schluter M, Chiang C. Phys. Rev. Lett. 43 (1977) 1494.
[88] Bachelet G B, Hamann D R, Schluter M. Phys. Rev. B 26 (1982) 4199.
[89] Vanderbilt D. Phys. Rev. B 41 (1990) 7892.
[90] Slater J C. Phys. Rev. 92 (1953) 603.
[91] Korringa J. Physica 13 (1947) 392.
[92] Kohn W, Rostoker N. Phys. Rev. 94 (1954) 1111.
[93] Andersen O K. Phys. Rev. B 12 (1975) 3060.
[94] Wimmer E, Krakrauer H, Weinert M. A. J. Freeman, Phys. Rev. B 24 (1981) 864.
[95] Andersen O K, Saha-Dasgupta T. Phys. Rev. B 62 (2000) R16219.
[96] Blochl P E. Phys. Rev. B 50 (1994) 17953.
[97] Kresse G, Joubert D. Phys. Rev. B 59 (1999) 1758.
[98] Clark T. A Handbook of Computational Chemistry [M]. Wiley, New York, 1985.
[99] Cramer C J. Essentials of Computational Chemistry [M]. John Wiley & Sons, 2002.
[100] Jensen F. Introduction to Computational Chemistry [M]. John Wiley & Sons, 1999.
[101] Rogers D. Computational Chemistry Using the PC [M]. 3rd Edition, John Wiley & Sons, 2003.
[102] Szabo A, Ostlund N S. Modern Quantum Chemistry [M]. McGraw-Hill, 1982.
[103] Young D, Computational Chemistry: A Practical Guide for Applying Techniques to Real World Problems [M]. John Wiley & Sons, 2001.

附录　重要量子化学软件列表

软件	软件许可证	编程语言	基组	周期性系统支持	分子力学	半经验量子化学计算方法	哈特里-福克方法	后哈特里-福克方法	密度泛函理论	GPU模拟	分子
原子尺度材料模拟的计算机程序包	学术许可（奥地利）、商业许可	Fortran	PW	3d	是	否	是	是	是	是	
ABINIT	自由软件、GPL	Fortran	PW	3d	是	否	否	否	是	是	
ACES	自由软件、GPL	Fortran、C++	GTO	否	否	否	是	是	是	是	
AMPAC	学术许可	未知	未知	未知	否	是	否	否	否	否	
Amsterdam Density Functional（ADF）	商业许可	Fortran	STO	任何	是	是	是	否	是	是	
Atomistix ToolKit（ATK）	商业许可	C++、Python	NAO、EHT	3d	是	是	否	否	是	否	
BigDFT	自由软件、GPL	Fortran	小波分析	任何	是	否	是	否	是	是	
CADPAC	学术许可	Fortran	GTO	否	否	否	是	是	是	否	
CASINO（QMC）	学术许可	Fortran 95	GTO、PW、Spline、Grid、STO	任何	否	否	是	是	否	否	

续表

软件	软件许可证	编程语言	基组	周期性系统支持	分子力学	半经验量子化学计算方法	哈特里-福克方法	后哈特里-福克方法	密度泛函理论	GPU模拟	分子
CASTEP	学术许可（英国）、商业许可	Fortran 95、Fortran2003	PW	3d	是	否	是	否	是	否	
CFOUR	学术许可	Fortran	GTO	否	否	否	是	是	否	否	
COLUMBUS	学术许可	Fortran	GTO	否	否	否	是	是	否	否	
CONQUEST	学术许可	Fortran 90	NAO、Spline	3d	是	否	是	否	是	否	
CP2K	自由软件、GPL	Fortran 95	Hybrid GTO、PW	任何	是	是	是	是	是	是	CUDA 和 OpenCL
CPMD	学术许可	Fortran	PW	3d	是	否	是	否	是	否	
CRYSTAL	学术许可（英国）、商业许可（IT）	Fortran	GTO	任何	是	否	是	是	是	否	
DACAPO	自由软件、GPL	Fortran	PW	3d	是	否	否	否	是	否	
Dalton	学术许可	Fortran	GTO	否	否	否	是	是	是	否	
DeMon2k	学术许可、商业许可	Fortran	GTO	否	是	否	否	否	是	否	
DFT++	自由软件、GPL	C++	PW、小波分析	3d	是	否	否	否	是	否	

续表

软件	软件许可证	编程语言	基组	周期性系统支持	分子力学	半经验量子化学计算方法	哈特里-福克方法	后哈特里-福克方法	密度泛函理论	GPU模拟	分子
DFTB+	自由软件、LGPL	Fortran 95	NAO	任何	是	是	否	否	否	否	
DIRAC	学术许可	Fortran 77、Fortran90、C语言	GTO	否	否	否	是	是	是	否	
DMol3	商业许可	Fortran 90	NAO	任何	否	否	否	否	是	否	
ELK	自由软件、GPL	Fortran 95	FP-LAPW	3d	否	否	是	否	是	否	
Empire	学术许可、商业许可	Fortran	Minimal STO	任何	否	是	否	否	否	否	
EPW	自由软件、GPL	Fortran	PW	2d、3d	否	否	否	否	是	否	
ErgoSCF	自由软件、GPL	C++	GTO	否	否	否	是	否	是	否	
ERKALE	自由软件、GPL	C++	GTO	否	否	否	是	否	是	否	
EXCITING	自由软件、GPL	Fortran 95	FP-LAPW	3d	否	否	是	否	是	否	
FHI-aims	学术许可、商业许可	Fortran	NAO	任何	是	否	是	是	是	是	

续表

软件	软件许可证	编程语言	基组	周期性系统支持	分子力学	半经验量子化学计算方法	哈特里-福克方法	后哈特里-福克方法	密度泛函理论	GPU 模拟	分子
Firefly（PC GAMESS）	学术许可	Fortran、C 语言、汇编语言	GTO	否	是	是	是	是	是	是	
FLEUR	学术许可	Fortran 95	FP-（L）APW+lo	1d、2d、3d	否	否	是	是	是	否	
FPLO	商业许可	Fortran 95、C++、Perl	LO+minimum-basis NAO	任何	否	否	否	否	是	否	
FreeON	自由软件、GPL	Fortran 95	GTO	任何	是	否	是	是	是	否	
GAMESS（美国版）	学术许可	Fortran	GTO	否	是	是	是	是	是	是	
GAMESS（英国版）	学术许可（英国）、商业许可	Fortran	GTO	否	否	是	是	是	是	是	
GAUSSIAN	商业许可	Fortran	GTO	任何	是	是	是	是	是	是	
GPAW	自由软件、GPL	Python、C 语言	Grid、NAO、PW	任何	是	否	是	否	是	是	
HiLAPW	未知	未知	FLAPW	3d	否	否	否	否	是	否	
HORTON	自由软件、GPL	Python、C++	GTO	否	否	否	是	是	是	否	

续表

软件	软件许可证	编程语言	基组	周期性系统支持	分子力学	半经验量子化学计算方法	哈特里-福克方法	后哈特里-福克方法	密度泛函理论	GPU模拟	分子
Jaguar	商业许可	Fortran、C语言	GTO	否	是	否	是	是	是	否	
JDFTx	自由软件、GPL	C++	PW	3d	否	否	是	否	是	是	CUDA
LOWDIN	学术许可	Fortran 95、03	GTO	否	是	否	是	是	是	否	
MADNESS	自由软件、GPL	C++	小波分析	否	否	否	是	是	是	否	
MISSTEP	自由软件、GPL	C++	PW	否	否	否	否	否	是	否	
MOLCAS	学术许可、商业许可	Fortran、C语言、C++、Python、Perl	GTO	否	是	是	是	是	是	是	
MolDS	自由软件、GPL	C++	STO、GTO	否	否	是	否	否	否	否	
MOLGW	自由软件、GPL	Fortran	GTO	否	否	否	是	是	是	否	
MOLPRO	商业许可	Fortran	GTO	否	否	否	是	是	是	否	
MONSTERGAUSS	自由软件	Fortran	GTO	否	否	否	是	是	否	否	
MOPAC	学术许可、商业许可	Fortran	Minimal GTO	任何	否	是	否	否	否	是	

续表

软件	软件许可证	编程语言	基组	周期性系统支持	分子力学	半经验量子化学计算方法	哈特里-福克方法	后哈特里-福克方法	密度泛函理论	GPU模拟	分子
MPQC	自由软件、LGPL	C++	GTO	否	否	否	是	是	是	否	
NRLMOL	未知	Fortran	GTO	否	否	否	否	否	是	否	
NTChem	未知	未知	GTO	否	否	否	是	是	是	否	
NWChem	自由软件、ECLv2	Fortran 77、C 语言	GTO、PW	是（PW）、否（GTO）	是	否	是	是	是	是	CUDA
Octopus	自由软件、GPL	Fortran 95、C 语言	Grid	任何	是	否	是	否	是	是	CUDA 和 OpenCL
ONETEP	学术许可（英国）、商业许可	Fortran	PW	3d	是	否	是	否	是	是	CUDA
OpenAtom	学术许可	Charm++（C++）	PW	3d	是	否	否	否	是	否	
OpenMX	自由软件、GPL	C 语言	NAO	3d	是	否	否	否	是	否	
ORCA	学术许可	C++	GTO	否	是	是	是	是	是	否	
PLATO	学术许可	未知	NAO	任何	是	否	否	否	是	否	
PQS	商业许可	未知	未知	未知	是	是	是	是	是	否	
Priroda-06	学术许可	C 语言	GTO	否	否	否	是	是	是	否	
PSI	自由软件、GPL	C 语言、C++、Python	GTO	否	否	否	是	是	是	否	

续表

软件	软件许可证	编程语言	基组	周期性系统支持	分子力学	半经验量子化学计算方法	哈特里-福克方法	后哈特里-福克方法	密度泛函理论	GPU模拟	分子
PUPIL	自由软件、GPL	Fortran、C语言	GTO、PW	任何	是	是	是	是	是	是	
PWmat	商业许可	Fortran	PW	3d	是	否	是	是	是	是	
PWscf	自由软件、GPL	Fortran	PW	3d	否	否	是	否	是	否	
PyQuante	自由软件、BSD	Python	GTO	否	否	是	是	是	是	否	
PySCF	自由软件、BSD	Python	GTO	是	否	否	是	是	是	否	
Q-Chem	商业许可	Fortran、C++	GTO	否	是	是	是	是	是	是	
QMCPACK（QMC）	自由软件、U. Illinois Open Source	C++	GTO、PW、Spline、Grid、STO	任何	否	否	是	是	否	是	CUDA
QSite	未知	未知	GTO	否	是	否	是	是	是	否	
Quantemol-N	学术许可、商业许可	Fortran	GTO	否	是	是	是	是	否	否	
Quantum ESPRESSO	自由软件、GPL	Fortran	PW	3d	是	否	是	否	是	是	CUDA
RMG	自由软件、GPL	C语言、C++	Grid	任何	是	否	否	否	是	是	CUDA
RSPt	学术许可	Fortran、C语言	FP-LMTO	3d	否	否	否	否	是	否	

续表

软件	软件许可证	编程语言	基组	周期性系统支持	分子力学	半经验量子化学计算方法	哈特里-福克方法	后哈特里-福克方法	密度泛函理论	GPU 模拟	分子
Scigress	商业许可	C++、C 语言、Java、Fortran	GTO	是	是	是	否	否	是	否	
Siam Quantum	自由软件、GPL	C 语言	GTO	否	是	否	是	是	是	否	
SIESTA	自由软件、GPL	Fortran	NAO	3d	是	否	否	否	是	否	
Spartan	商业许可	Fortran、C 语言、C++	GTO	否	是	是	是	是	是	否	
TB-LMTO	学术许可	Fortran	LMTO	3d	否	否	否	否	是	否	
TeraChem	商业许可	C 语言、CUDA	GTO	否	是	否	是	是	是	是	
TURBOMOLE	商业许可	Fortran	GTO	是	是	否	是	是	是	否	
WIEN2k	商业许可	Fortran、C 语言	FP-(L)APW+lo	3d	是	否	是	否	是	否	
Yambo Code	部分 GPL	Fortran	PW	3d	否	否	是	是	否	否